公路工程对长输管道损伤风险控制技术

袁观富　雷　欢　朱红明　刘　新　著

气象出版社
China Meteorological Press

内容简介

本书首先对长输管道的风险进行梳理,分析管道的危险有害因素,实现对公路施工损伤风险的全面认知;然后通过钢便桥及地基承载力等计算展开针对公路上跨长输管道专项施工的探讨,提出天然气管道的保护措施;并论述了采用光纤光栅等传感设备实现对管道的准确实时监测,提出了采用机器视觉技术对管道缺陷的自动识别方法;最后阐述了适合公路施工单位的应急救援方案与施工现场风险控制的措施及建议。

本书可供公路工程施工及相关单位的作业人员使用,也可供风险管理相关人员参考。

图书在版编目(CIP)数据

公路工程对长输管道损伤风险控制技术 / 袁观富等
著. -- 北京 : 气象出版社,2021.11
ISBN 978-7-5029-7614-9

Ⅰ. ①公… Ⅱ. ①袁… Ⅲ. ①道路工程-影响-油气
运输-长输管道-损伤(力学)-风险管理-研究 Ⅳ.
①TE973

中国版本图书馆CIP数据核字(2021)第243851号

Gonglu Gongcheng dui Changshu Guandao Sunshang Fengxian Kongzhi Jishu
公路工程对长输管道损伤风险控制技术

出版发行:气象出版社

地　　址:北京市海淀区中关村南大街46号		邮政编码:100081	
电　　话:010-68407112(总编室)　010-68408042(发行部)			
网　　址:http://www.qxcbs.com		**E-mail**:qxcbs@cma.gov.cn	
责任编辑:张盼娟		终　　审:吴晓鹏	
责任校对:张硕杰		责任技编:赵相宁	
封面设计:楠竹文化			
印　　刷:北京建宏印刷有限公司			
开　　本:710 mm×1000 mm　1/16		印　　张:8	
字　　数:171千字			
版　　次:2021年11月第1版		印　　次:2021年11月第1次印刷	
定　　价:35.00元			

前　言

随着国内公路里程数的不断增加,道路在规划时不可避免地需要上跨油气长输管道。在管道附近施工作业时,由于安全距离不足、挖掘机等大型机械开挖、施工机具材料对管道的碾压等影响,如若未对管道进行保护,极易导致埋地管道出现变形及泄漏,造成严重的财产损失或人员伤亡,因此,需要对施工过程中长输管道的损伤风险控制进行研究。

本书共分为 6 章,第 1 章分析了国内外天然气长输管道的发展现状与管道的危险有害因素,并论述了长输管道的应急管理。第 2 章论述了公路上跨长输管道施工的专项施工,介绍了鄂咸高速工程与川气东送管道工程的概况,并详细阐述了施工方案与钢便桥荷载及地基承载力的计算。第 3 章先对光纤光栅的传感原理进行了介绍,然后讲解了光纤光栅的封装技术、高陡边坡变形失稳特征和机理与高陡边坡内部变形测量方法及传感器技术的相关研究,并对高陡边坡表面变形位移传感器与高陡边坡变形锚固力监测传感器的研制进行了概括。第 4 章主要阐述了基于机器视觉技术的管道缺陷自动识别方法,介绍了机器视觉技术的相关原理,并分别基于视频图像分析、机器学习与深度学习对管道缺陷的检测进行了阐述。第 5 章以湖北省路桥集团有限公司为例,概述了事故应急救援预案的编制方法。第 6 章对相关的施工现场风险控制提出了措施及建议。希望本书关于公路工程对长输管道损伤风险控制技术的阐述,能够给读者些许启发。

鉴于作者的知识和业务水平有限,书中难免存在一些错误和不妥之处,希望同行专家和读者在阅读本书的过程中,提出宝贵意见。

目　　录

第1章 天然气长输管道风险分析

天然气长输管道在运行期间可能存在各类风险,全面、有效地分析管道风险类型、来源、部位等信息,有助于进一步了解风险所造成的后果、范围及特点,为现场应急指挥提供坚实的基础。通过对国内管线资料,如长吉、安洛、忠武等长输管线的综合统计分析,长输管道的风险包括工艺站场、输气管道、自然灾害等因素。为实现长输管道应急指挥的高效、快速目标,有效控制现场风险,应建立全面、综合的长输管道应急管理过程,对过程的每个环节进行详细的分析,制订相应的管理程序。

1.1 天然气长输管道发展现状

能源是国民经济发展的动力。20 世纪 90 年代就有人预言,21 世纪将进入"天然气时代"。近几十年来,天然气消费量迅速增长,天然气领域的投入和天然气储量、产量和贸易量也呈迅速增长态势,并显示出继续增长的巨大潜力,至少可以说,天然气在世界能源多元化过程中起到并将继续起到重要作用。据国际能源机构预测,2003—2030 年,世界天然气消费量的年平均增长率为 2.1%,到 2030 年,世界天然气消费量预计达到 4.79 万亿 m^3。

伴随着天然气消费市场的不断扩大,新兴天然气供应区域也积极响应下游市场的要求,不断开发出储量惊人的天然气气源。而作为天然气主要运输方式的管道运输也顺势而起,开始长足发展。目前,世界上油气长输管道总长度已超 360 万 km,其中天然气管道约占 80.5%,达 280 万 km。

管道运输在我国兴起于 20 个世纪 70 年代,目前已成为继铁路、公路、水运、航空之后的第五大运输手段。与其他运输形式相比,它有许多优点,因此,越来越多地被采用。管道输送石油天然气,具有高效、低耗等优势,成为国民经济和社会发展不可缺少的"生命线"。我国现有在役石油天然气管道十几万千米,遍布全国二十多个省市和渤海、黄海、南海等广大海域,形成国民经济的"血脉"。

如同其他工业技术的发展一样,天然气管道的飞速发展,管网的不断延伸,加之天然气管道的高能高压、易燃易爆、有毒有害、连续作业、链长面广、环境复杂等特点,带来的工业事故不断增多,已经造成大量人员伤亡和财产损失。由于腐蚀、材料缺陷、外部操作失误、安装不当等原因,天然气管道在长期运输过程中可能会造成破裂、泄漏等事故,容易引起火灾、爆炸等恶性后果,特别是在人口稠密的地区,事故往往往会造成严重的人员伤亡及重大的经济损失。

1.1.1 中国天然气的发展现状

从1997年建设的陕北靖边到北京的天然气管道,中国开始了天然气管道的发展,截至2019年底,中国油气长输管道总里程达到13.9万km,已经超过10万km,形成一个庞大的管道运输网。天然气管道约8.1万km,成品油管道约2.9万km。2019年,中国新建成油气管道总里程约3233 km,全国互联互通重点工程建设取得新进展,推动天然气"全国一张网"不断完善;中俄东线天然气管道北段工程建成投产;国家石油天然气管网集团有限公司挂牌成立,中国深化油气体制改革取得重要进展;《交通强国建设纲要》为油气管道高质量建设提出新要求。未来的油气管道建设还存在不足,特别是天然气管道建成里程与目标之间的差距较为突出。但资源供需均保持增长,国家政策和新规划发力,将推动天然气基础设施建设;沿海多地大型炼化一体化项目陆续投产,会助力中国成品油管道建设。

此外,中国不仅仅是开通建设国内管线,还大力拓展国际气源。比如,2019年12月2日,中俄东线天然气管道北段工程如期建成投产。该管线是中国东北方向首条跨境大规模天然气进口管道,中国天然气总体流向在"西气东输"和"海气登陆"的基础上增加了"北气南下",标志着中国西北、西南、东北和海上四大油气进口战略通道建成投用,对中国天然气资源进口多元化、优化能源消费结构和打赢"蓝天保卫战"具有重要意义。

随着我国天然气管道迅速发展,天然气事故也不断增多。国外不同国家和地区的事故率为0.38~0.60次/(1000 km·a),并且还在不断下降,而我国20世纪90年代建设的管道事故率为4.2次/(1000 km·a)。进入21世纪以来发生过多起天然气管道安全事故。如,2006年1月20日,四川省仁寿县富加输气站进出站管线发生管道爆炸燃烧,造成10人死亡、3人重伤、47人轻伤。事故导致14000 m² 房屋受损,1800多人紧急撤离疏散,直接经济损失超过3000万元。2005年9月6日,重庆市九龙坡区井口镇陈堡社修建粮食加工厂,致使∅720 mm 焊口断裂发生破裂、燃烧,造成1人死亡、4人重伤、14人不同程度烧伤,天然气管道损坏,输气中断,周围部分建(构)筑物、农作物、部分施工机械、电力设施损坏的重大事故。2004年10月6日,陕西省神木县一个体施工挖掘机,挖裂陕京天然气管道,4000余人被紧急疏散。此次事故共造成50万 m³ 天然气泄漏,输气管道近24 h停止供气。

1.1.2 美国天然气的发展现状

2015年,美国天然气干线管道总长度约55万km,其中,州际管道约占70%,州内管道约占30%,管道网络化,供应多元化,基础设施完善。

预计到2025年,美国天然气产量将增加到7584亿 m³,年增加1.3%。1993年,天然气干线管道超过 50 万 km,这些管网将北美的主要产气区(如加拿大西部、墨西哥湾的海上部分、陆地上的得克萨斯、路易斯安那及俄克拉何马州)与美国、加拿大和墨西哥的约 8500 万个天然气用户连接起来,并向这些用户供气,见图 1-1。

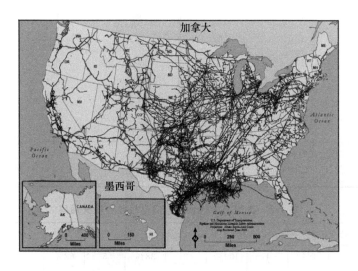

图 1-1　美国气体与危险液体运输管道分布

　　美国阿拉斯加正全力推动修建一条纵贯美国和加拿大最后至本土的天然气管道,建成后可满足美国约 10％的天然气需求。《阿拉斯加天然气管道状态报告》中指出:"美国人正不断要求增加天然气的数量。美国人平均每天要消耗 620 亿立方英尺①的天然气……在阿拉斯加北坡有超过 30 万亿立方英尺的天然气储量。如果修建一条天然气管道,则每天可运输 40 亿～60 亿立方英尺的气量。"

　　美国天然气管道密集的管网大多穿越人员居住区,一旦发生天然气泄漏事故,会造成严重的人员伤亡与财产损失。1999 年 1 月 22 日,布里奇波特市一名建筑工人在操作反铲挖掘机时,将地下一条天然气管道挖断,天然气开始泄漏扩散,随后气云团被引爆,导致 3 人死亡、5 人受伤。2005 年 12 月 13 日,新泽西州挖掘工人在移走地下油箱时,将一条主输气管道破坏,气体泄漏爆炸导致 3 人死亡、5 人受伤。美国部分天然气管道建设于 20 世纪 50—60 年代,已处于产品的老龄期,管道防腐层已经失效,腐蚀事故率增高。据美国交通运输部管道与危险物质安全管理局(PHMSA)统计,1995—2008 年由于各种天然气长输管道事故而死亡的年平均人数约为 3 人,受伤人数为 7 人,见表 1-1,而由此引起的社会损失后果十分惊人,仅 2003—2007 年总财产损失高达 4 亿多美元,见表 1-2。

---

①　1 立方英尺≈0.028 m³。

3

表 1-1　美国天然气长输管道事故伤亡人数统计

年份	死亡人数	受伤人数	年份	死亡人数	受伤人数
1995	2	7	2002	1	4
1996	1	5	2003	1	8
1997	1	5	2004	0	2
1998	1	11	2005	0	5
1999	2	8	2006	3	4
2000	15	16	2007	2	7
2001	2	5	2008	0	3
总和	31	90			
年均	3	7			

表 1-2　美国天然气长输管道事故社会损失后果

年份	公众死亡		工业死亡		公众伤害		工业伤害		财产总损失/美元
2003	0	0%	1	100%	3	38%	5	62%	56232363
2004	0	0%	0	0%	0	0%	2	100%	38262823
2005	0	0%	0	0%	2	40%	3	60%	237060084
2006	1	33%	2	67%	1	25%	3	75%	38827402
2007	1	50%	2	50%	1	14%	6	86%	53907130
总和	2	33%	4	67%	7	27%	19	73%	424289802

1.2　管道危险有害因素分析

1.2.1　长输管道风险特点

长输管道输送介质为天然气,天然气主要组分为甲烷,另外,还含有少量的乙烷、丙烷、CO_2 和 N_2,以及 H_2S 气体。火灾、爆炸是天然气管道系统的主要危险有害因素,此外,对于部分含硫天然气管道而言,H_2S 气体也是重要的危险有害因素。与危险化学品的其他运输方式相比较,天然气的长输管道风险有其独特的特点。

(1)事故后果的严重性

天然气是易燃易爆的气体,在空气中只要有较小的点燃能量就会燃烧爆炸。按照《石油天然气设计防火规范》(GB 50183),天然气属于甲 B 类火灾危险物质,其主要成分为甲烷。天然气与空气混合后,当其浓度在着火上下限之间时,遇点火源将发生火灾爆炸。天然气的爆炸是在一瞬间(千分之一或万分之一秒)产生高压、高温

(达 2000～3000 ℃)的燃烧过程,爆炸波速可达 2000～3000 m/s,将造成很大破坏力。

另外,部分含硫天然气泄漏后也可能造成较大范围的人员伤亡。如忠武线气源部分来自川东北地区,其中包括罗家寨滚子坪天然气气田。该气田为高含硫气田,一旦发生事故,很可能造成人员窒息、昏迷,甚至死亡。

(2)事故范围的广泛性

天然气泄漏后,可随风场分布而扩散,造成较大范围内的人员伤害。比空气轻的可燃气体逸散在空气中,容易与空气形成爆炸性混合物,顺风飘逸,遇火源即爆炸蔓延,如天然气中的甲烷、氢气等;比空气重的可燃气体如发生泄漏,就飘逸在地面、沟渠、厂房死角,长时间聚积不散,一旦遇火源即能燃烧和爆炸,如天然气中的丙烷、丁烷等。

(3)管道区域的复杂性

管道穿越区域可能包括平原、台地、丘陵和山地、河网区等,其地质构造、气象条件复杂,对管道防腐处理和阴极保护、抗震设计等造成严重影响。如安阳-洛阳天然气管道要经过的河流有安阳河、汤河、永通河等15处之多,其中以定向钻方式穿越黄河达 4000 m,穿越铁路 7 次、高速公路 10 次。而长吉天然气管道穿越大型河流 1处、中型河流 2 处,要经过 8 条地质断裂带,15.8% 的管道要穿越低山丘陵地区。

(4)人口分布的集中性

长输管线的主要功能是将上游天然气向沿途和下游的城市输送,所以它必然会经过人口居住区,甚至是人口稠密区域,一旦发生泄漏、火灾事故,将可能影响周边地区人员的生命财产安全,因此管线安全运营的要求很高。如安阳-洛阳管道要经过16 个行政区,其中一级行政区穿越长度为 71 km,二级行政区长度为 156 km,三级行政区 96 km;长吉线要穿越 108 km 的二级行政区。图 1-2 是美国运输部公布的长输管道沿线(201 m 范围)人员密集区分布情况,大约 3.5 万 km 的长输管道穿越了人员相对集中的城镇。

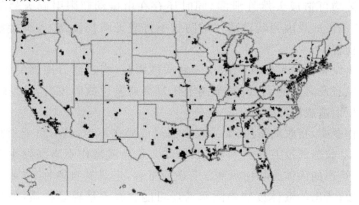

图 1-2　长输管道沿线(201 m 范围)人员密集区分布情况

1.2.2 管道危险有害因素分析

天然气管道系统是一个复杂工艺过程,它涉及天然气集气、输气及分配等。图 1-3 是天然气管道系统示意图。长输管道是从输气站开始到城市管网之间的部分,也是管道系统事故中发生最频繁、后果最严重的部分。由于长输管道跨越区域广泛,影响其安全运行的危险有害因素很多,主要包括:工艺站场危险有害因素分析、输气管道危险有害因素分析、自然灾害、第三方破坏等方面。

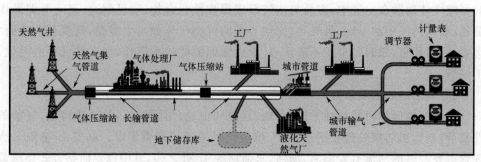

图 1-3　天然气管道系统

1.2.2.1 工艺站场危险有害因素分析

工艺站场具有天然气气质组分分析能力,具有对来气进行计量、过滤分离、稳压和清管器发送以及向用气地分输等功能,以及在事故状态及维修时的火炬点火放空能力。

(1)工艺站场主要设备

涉及的主要设备有压缩机组、过滤分离器、清管器收发球筒、放空系统等。压缩机组在运行过程中,温度、压力、振动等因素都使其产生疲劳而损坏;另外,由于材质、安装质量等原因,其缸体连接处、吸排气阀门、设备主体和管道的法兰、焊接和密封等部位缺陷均可造成天然气泄漏,同时还存在由振动超限引起天然气泄漏的可能。此外,压缩机如果因为转动部件的防护不好或无防护设施,人员接触时可能造成人员机械伤害。

过滤分离设备去除天然气中的水分和固体颗粒,当过滤分离器的滤芯堵塞时,差压变送器没有及时检测到,或安全阀定压过高或发生故障没有及时排放天然气,就会由于憋压而造成泄漏事故。

在清管作业中,接收筒带压,如果仪表失灵或操作不当,就有可能对操作人员造成伤害;清管器收球筒设有快开盲板,如果安装不当或操作不当易发生天然气泄漏事故。此外,清出的固体废物中可能含有硫化亚铁,它具有自燃性,如果处理不当可引发火灾事故;清出的液体废物中除水外还可能含有少量轻烃物质,如果处理不当也可能引发火灾事故。

空冷器是对压缩后天然气进行冷却的设备,如果管道因为设备缺陷、腐蚀等原因造成天然气泄漏,导致火灾、爆炸事故。如果后空冷器控温组件失效,导致天然气未达到设计温度就进入干线管道,会对管道内防腐层造成损伤,进而腐蚀管道,造成天然气泄漏,导致火灾、爆炸事故。高温天然气会造成管线的热胀,进而导致焊缝开裂。此外,空冷器天然气进口温度较高,操作人员操作不慎会造成烫伤事故。

若截断阀存在缺陷,可引发泄漏或不能及时切断气源的事故。阀体施焊时的焊渣或其他杂物溅落到阀板上,阀体的密封槽内未清洁干净而遗有杂物等都有可能导致截断阀内漏。特别在动火作业、带压施工过程中,截断阀密封是否良好对于作业安全性来说尤为关键。燃气发电机产生的电力有可能在人为操作失误或设备失效的情况下产生电火花,如管道泄漏气体通风换气不及时,易发生火灾爆炸事故。

(2)放空系统

放空系统是在火炬系统出现故障时,将管道中气体直接排入大气,或管道运行压力超过设定值泄压排放时,采用直接压力保护阀泄压方式,将气体直接排入大气环境。当这些气体与空气混合达到爆炸浓度极限时,存在爆炸危险。

(3)自动控制系统和仪表

天然气管道系统一般采用 SCADA 自动控制系统对全线进行监控、调度和管理,实现站内数据采集及处理、连锁保护、顺序控制、连续控制以及对工艺设备运行状态的监视,并与调度控制中心交换各种数据与信息。控制中心对全线各个站场实施监控、调度和管理,各站的站控系统具有独立监控该站运行,并将有关信息提供给调控中心。

关于温度检测,站场仪表主要完成压力检测,压力、流量控制,过滤分离,站场紧急停车、超压、火灾等紧急情况下自动关闭,保护设备参数检测,可燃气体检测与报警系统等工作。这些设备和仪表的可靠性关系到泄压阀动作的灵敏度。管输工艺的控制关键是压力自动监控系统,一旦系统误差过大或误动作,可能引发因误判断泄漏而关断阀门的情况,造成不必要的经济损失;而当仪表失灵时,则可能由于天然气泄漏未被及时发现,从而酿成重大事故。

(4)电气设备

变配电所电气设备当出现接地失效、过载、短路、绝缘破损以及电气设备本身缺陷等,将可能导致电器着火。工艺生产区照明设施等若未能达到防爆等级要求,当空气中可燃气体混合浓度达到爆炸下限时,易引起火灾爆炸事故的发生。

1.2.2.2　输气管道危险有害因素分析

输气管道的主要功能是传送气体介质,一旦天然气从管道泄漏,很可能在泄漏区域内形成爆炸云团,遇到火源后爆炸造成区域内人员的伤亡。因为长输管道要穿越人员居住区,所以其造成的可能后果也是最严重的。影响管道安全运行的危险有害因素包括材料缺陷、焊接缺陷、腐蚀等。表 1-3 是 1988—2008 年美国天然气管道事故原因类型统计(来自 PHMSA 2008 公告),以下简要分析。

表 1-3　1988—2008 年美国天然气管道事故原因类型统计

事故原因	腐蚀			挖掘			人为因素	材料失效			自然灾害				外力破坏
	外腐蚀	内腐蚀	其他	施工	第三方	其他	操作失误	材料缺陷	焊接缺陷	其他缺陷	地质运动	洪水	雷电	其他	车辆,人为
数量	55	66	137	12	65	213	22	70	54	94	8	50	3	60	394
比例	4.2%	5%	10.5%	0.9%	4.9%	16.3%	1.6%	4.1%	5.3%	7.2%	0.6%	3.83%	0.2%	4.6%	30.2%

(1)腐蚀

腐蚀会造成天然气管道壁厚减薄,容易变形或爆破,或管道腐蚀穿孔。腐蚀是长输管道主要失效形式之一,表 1-4 是我国四川输气管道在 1969—2003 年的事故分类情况。由于四川地区大部分输气管道已进入或超出服役期,加之早年施工技术水平及材料问题使得管道本身的腐蚀问题日益凸现,因此,腐蚀造成的失效占第一位,为 39.5%。

表 1-4　1969—2003 年四川输气管道事故分类情况

破坏原因	外部影响	材料缺陷	腐蚀	施工缺陷	地表移动	其他
比例/%	15.8	10.9	39.5	22.7	5.6	5.5

按作用部位不同,腐蚀可分为内腐蚀、外腐蚀和其他腐蚀。天然气事故数量中,内腐蚀要比外腐蚀多。内腐蚀的主要类型有化学腐蚀、应力腐蚀开裂等形式,应力腐蚀与电化学腐蚀同时作用加速管道腐蚀。部分含硫天然气中同时存在冷凝水的条件下,会产生电化学反应,导致钢管受到腐蚀。另外,部分天然气中含有 CO_2 气体,同样与冷凝水结合后形成弱酸环境,对金属有一定的腐蚀性。若水露点不合格或试压后清管干燥不彻底,管内的水会产生内腐蚀,腐蚀严重会造成管道破坏。CO_2 腐蚀与管输压力、温度、湿度等有关,随着输送压力的增加会导致腐蚀速度加快。

应力腐蚀开裂是指受拉伸应力作用的金属材料在某些特定的介质中,由于腐蚀介质与应力的协同作用而发生的脆性断裂现象。硫化物应力腐蚀主要发生在高强度钢、高内应力的设备、管道。含硫化氢的湿天然气发生电化学腐蚀所产生的氢原子会在钢材中扩散,氢原子在管材表面层中有缺陷的部位结合成氢分子,体积膨胀,产生氢压。在氢气聚集区附近,硫化物应力腐蚀产生的拉应力与管道拉力叠加、协同作用下就形成了氢致开裂和硫化物应力腐蚀开裂。该类腐蚀一般会在没有症状的情况下突然发生,对天然气管道造成严重破坏,相对电化学点腐蚀或线腐蚀的易控性而言,应力腐蚀开裂风险更高。

天然气管道外腐蚀是在管道外防腐层受外力破坏或管道阴极保护系统失效时,管道外表面受埋地管道所处的土壤类型、土壤电阻率、土壤含水量(湿度)、pH 值、硫化物含量、氧化还原电位、微生物、杂散电流等因素的影响造成管道化学腐蚀、电化学腐蚀、杂散电流的腐蚀、微生物引起的腐蚀等。化学腐蚀是一种全面的腐蚀,其造成的管道外壁变薄是均匀的,因此危害相对较小,而其他几类腐蚀则易形成局部腐蚀乃至穿孔,危害严重程度较高。此外,输气管道附近若有平行电力线、电气化铁路、平行的油气管道或变配电设施等,易在输气管道埋地附近产生杂散电流而增加对管道的腐蚀危害,从而易导致泄漏、火灾、爆炸等事故。

(2)挖掘

挖掘破坏主要指管道沿线修筑道路、建筑施工、矿山开采等活动引起的管道损伤。当在天然气管道附近进行工程施工时,如修建公路、房屋、建筑,引起管道基础的破坏,导致管道的弯曲变形甚至损坏。更为严重的是,在工程施工过程中的挖掘活动可能会直接导致管道的破裂、挖断。图 1-4 是 1988—2008 年美国 PHMSA 统计的重大事故类型分布,其中高达 35.5% 的事故是由于挖掘引起的。另外,管道沿线不法分子为了自身利益或牟取暴利,对管输介质或管道附属设施进行偷盗破坏也会造成严重的气体泄漏事故。

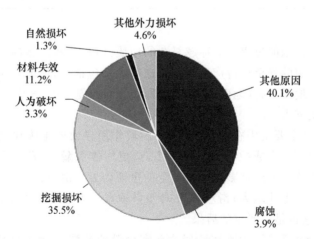

图 1-4　美国 PHMSA 天然气管道重大事故统计(1988—2008 年)

天然气管道沿线的矿山开采也会对管道安全产生影响。长输管道有时会经过矿产资源丰富的地区,由于矿山开发的发展,工作面的不断推进,地下采空区也不断扩展,可能会导致地面塌陷,对管道安全运行产生危害。

（3）材料失效

材料失效包括材料缺陷、焊接缺陷和其他缺陷。

材料失效在美国和欧洲的天然气管道事故原因中占第二位。数据表明，在1969—2003 年四川天然气管道事故中，材料失效导致的事故占事故总数的 10.9%。由于管材选取不当，存在的缺陷可导致管道强度不够、存在残余应力或电化学现象等，在长期运行的过程出现裂缝、断裂、腐蚀、施工质量不过关。管口焊接质量水平低，电弧烧穿气孔、夹渣和未焊透等缺陷，造成管道强度不够，不能维持安全运行要求，从而发生天然气泄漏事故。

管道材料缺陷或焊接缺陷的事故类型很多，既有材质问题，也有焊接工艺问题，还可能包括作业人员操作失误问题。表 1-5 是 1988—2008 年美国天然气长输管道材料失效事故原因分类，以及事故数量，其中占多数的是材料问题（根据 PHMSA 2008 公告统计计算）。

表 1-5　　1988—2008 年美国天然气长输管道材料失效事故原因分类

原因类型	数量	比例	原因类型	数量	比例
组件	19	8.76%	对结焊	20	9.22%
泄控设备故障	21	9.68%	角焊缝	5	2.30%
管体	18	8.29%	滚焊	14	6.45%
泵密封破裂	5	2.30%	其他	94	43.32%
连接	21	9.68%	总数	217	100%

（4）自然灾害

长输管道在输送的过程中会穿越复杂的地质区域，这些区域内的各种自然灾害都会对天然气管道的安全运行产生影响。这些影响包括：山地地质灾害（山体滑坡、泥石流等）、平原地质灾害（地面沉降、土壤膨胀等）、地震破坏、气象灾害等。

①山地地质灾害

滑坡、泥石流主要发生在山区，都属于斜坡作用导致的土壤移动。滑坡会造成下滑的土体和岩石冲击或拉断天然气管道，造成气体泄漏，引发火灾爆炸事故。滑坡体的规模以及移动方向是影响管道安全的重要因素。滑坡体规模越大，造成管道破坏的可能性和严重性越大；滑坡体方向如果垂直于天然气管道走向，将会完全切断天然气管道，这也是最严重的后果。

泥石流是由悬浮着粗大固体碎屑物并富含粉砂及黏土的黏稠泥浆组成。大量的水体浸透山坡或堆积物后失稳，在重力作用下向下冲击天然气管道，造成长输管道的弯曲变形和断裂，导致气体泄漏扩散，遇火源发生爆炸。

②平原地质灾害

地面沉降是管道埋设土层受临近建筑活动或者其他地下活动（采矿、煤层燃烧、地下水流等)而引起的收缩结果。松散地层受致密地层重力作用、地质构造作用、地震等引起地面沉降。地面沉降导致管道失去支撑,并受上面土层压迫,发生严重的弯曲下沉,造成管道断裂或是连接设备破坏,最终引起气体泄漏。

土壤的膨胀会受地质条件和地理位置的影响。在寒冷地区,土壤中冰的形成会造成管道垂直上下移动,不均匀的上下移动会造成管道的拉裂破坏。另外,土壤含水量的增加会引起土层的膨胀,管道不同地段的土壤膨胀率同样会造成管道的拉裂破坏。

地表水的冲刷作用会造成天然气管道穿越段河床和岸坡的磨蚀,进而造成河岸或岸坡的坍塌现象,对天然气管道的安全构成威胁。洪水的冲刷引起河床变化是促使管道发生事故的主要原因,早期建设的管道穿越江河工程,多采用裸露敷设或浅埋敷设方式,最易遭受洪水的外力破坏,一旦稳管作用失效,水下管道出现悬空,造成管道的裸露、位移、变形,甚至断裂,如果没有及时发现或没有采取加固措施,就容易导致事故。此外,裸露的管道受到洪水长期浸泡会破坏管道的防腐层。

③地震破坏

地震是一种破坏性很强的自然灾害,由此引起的山崩、地裂、建筑物倒坍、砂土液化等灾害会对天然气管道造成直接损害。一旦管道区域内有地震活动,其所引发的振动会对管道及相关附件产生强大的作用力,造成管道线路弯曲、位移、开裂、折断等破坏。另外,当线路地下分布有粉细砂层,加之地下水埋藏较浅,强震时将可能产生砂土液化并伴生少量地裂缝和地面震陷等地震灾害,将对管道构成威胁。地震虽然发生频率低,但因目前尚无法准确预报,具有突发的性质,一旦发生,财产和环境损失十分严重。我国很多天然气管道穿越地区的地震烈度达Ⅵ～Ⅷ,部分地震峰值加速度大于或等于(50 年超越概率 10%)0.10g。表 1-6 给出了不同地震烈度造成的管道破坏程度。

表 1-6　不同地震烈度区地表和管道损坏状况

地震烈度	管道及地物损坏状况	地表现象
Ⅶ	山体崩塌,个别情况下有裂缝,偶有塌方	潮湿疏松处地表有裂缝
Ⅷ	地下管道接头处受破坏,道路裂缝、塌方	地表裂缝可达 10 cm 以上,有泥沙冒出,水位较高,地形破裂处滑坡、崩塌普遍
Ⅸ	道路出现裂缝,部分地下管道遭破坏	滑坡、山崩
Ⅹ	地下管道破裂	滑坡、山崩普遍
Ⅺ	地下管道完全破坏	地表巨大破坏

④气象灾害

气象灾害对我国天然气管道的主要影响是雷电和环境异常温度。管道区域内的带电云团在上空聚积的过程中,埋设较浅的管道会产生感应电荷,但三层聚乙烯涂层的绝缘性能可能会减缓感应电荷的泄放速度,导致管道内电荷不能整体释放,局部放电不能通过绝缘层本身的漏点快速泄放入地时,会对管道的阴极保护设备造成破坏。另外,管道工程的地面设施相对于埋地管道是优良的闪接器,当附近空中有雷云时,可能形成感应电荷中心,从而遭受直接雷击破坏。管道本身是优良的导体,也容易成为雷电的泄放通道而受损。陕京输气管道的阴极保护设施,如直流电源的元件、接地线上的元件等,先后多次受到雷击破坏,就是由于上述原因。

环境异常温度对管道的影响主要是低温寒冷天气,容易导致天然气形成水合物。管道内形成的水合物易积聚发生冰堵,是严重影响天然气管道安全运行的一个严重隐患。

1.3 长输管道的应急管理

1.3.1 应急预案管理

预案编制的内容主要包含编制目的、依据、适用范围、组织架构、事件风险分析、职责划分、应急能力评价、事故等级划分、预案分级、预防预警、报警、事件动态信息公布、应急响应及保障计划、预案评价与宣讲、演练与备案等。在应急操作上,可根据事件风险评估的结构将突发的事件划分为 A、B 两种类型,其中 A 类事件主要针对管道线路生产运输当中产生的泄漏、燃气爆炸、输送中断、起火、功能失效及阀室泄漏等,并由此引发的人员死亡、生态环境破坏等严重事故。而 B 类事件则具体包含管道生产运输当中出现机械变形、扭曲、站场甩站失效、清管卡球、丢球及球体破碎、阀室误关断引发憋压影响输量等。应急预案编制工作结束后,必须交由专门审核机构实施严格审核,获取合格评价后才可使用。

1.3.2 应急资源管理

应急资源是应急管理的重要组成部分,在内容上整合应急体系中的人力、财力、物力信息、技术等诸多资源,既包含灾害防护、应对、恢复等多个环节所需的多种资源(工具、设备、物资等),同时也包含与事件应急处理的相关技术与人力资源。

1.3.3 应急培训及演练

应急培训及演练的目的在于提升人员应急水平,不断强化其应急处置的能力。需要根据具体的人数情况来制定相应的应急培训演练计划,并且需要针对参与应急管理的人员定期开展相应的应急培训工作。在培训结束后,需针对参与培训的相关人员实施严格的考核,并结合考核的最终成绩建档记录,考核成绩不合格人员须促使其重新参与培训考核。实际演练过程当中,应做好详细记录,同时在最终演练完成后进行审核总结,结合演练的最终成果来不断修订与完善应急预案的内容。

1.3.4　应急处置及救援

在整个应急行动当中,应急处置及救援要求严格依照以下原则来执行:①采用无人机等先进设备对事故现场进行观察,为应急抢险指挥部提供现场一手资料,方便制定应急处置决策;②对在场无关人员进行疏散处理,要求在此基础上最大限度降低和减少相应的人员伤亡情况;③隔断危险物源,预防二次事故的发生;④维持通讯顺畅,及时与相关部门沟通,并公布险情动态,积极调集救助力量,以控制事态发展;⑤准确分析风险损益,在切实降低人员伤亡率的背景下,积极组织物资抢险,并深入分析现场情况,准确划定危险区域范围;⑥当突发事件情况紧急,造成重大损伤、损失时,需立即采用紧急切断阀的方式控制事态持续恶化。

第2章　公路上跨长输管道专项施工

2.1　工程概况

2.1.1　鄂咸高速公路概况

鄂州至咸宁高速公路全长 63.9 km,途经鄂州、大冶两个县市,在 K56+926 处鄂州市梁子湖区太和镇牛石村斜跨川气东送天然气管道。为了确保天然气管道的绝对安全,中交第二公路勘测设计院专门在此处设计了一座 6 m×4.5 m 的人行通道,交角为 41°,让天然气管道从人行通道下通过。在人行通道正式施工时,总承包项目部会制订通道专项施工方案进行施工。按照鄂州市市政府的要求,为了确保目标工期的顺利完成,鄂咸高速公路总承包项目部必须马上启动 K56+926 附近的土石方施工。为了保证项目部在土石方路基施工过程中与川气东送管道交叉作业时的绝对安全,按照中石化川气东送天然气管道有限公司的相关要求,项目部计划在 K56+926 右侧设置一座临时钢便桥,跨径为 5 m,宽度为 6 m,设计荷载 80 t,设计钢便桥与川气东输的管道平行。

从结构可靠性、经济性及施工工期要求等多方面综合考虑,计划以管道为中心,向管道的左右两侧各 1.5 m 开挖便桥基础,两侧承台采用 C30 混凝土浇筑,长度 7.1 m,宽度 1.5 m,高度 1.5 m。便桥采用 11 片 45 型工字钢作为主梁,工字钢与工字钢之间采用钢筋进行焊接连接,并在工字钢上铺设 20 mm 厚钢板,保证工字钢稳定并整体受力。

2.1.2　川气东送管道概况

川气东送管道,起点在四川省,止于上海市。全长 2400 km,供包括上海、江苏、湖北等 8 个省(市)的天然气,涉及用气人口达 2.4 亿,是国家的重要能源运输通道,必须绝对保证管道的安全。管道桩号 ELZ007 位于鄂州市梁子湖区太和镇牛石村,与湖北鄂咸高速公路桩号 K56+926 处交叉,交叉角度为 41°,管道管径为 1016 mm,管道埋深 2 m 左右,管道并行铺设一条通讯光缆。

2.2　施工方案

为保证先期开工的路基土石方工程能正常施工,决定在主线工程 6 m×4.5 m 通道没有施工前,先在管道上方修筑一座跨径为 5 m、宽度为 6 m 的基础,采用宽 1.5 m、高 1.5 m、长 7 m 的 C30 混凝土条形扩大基础。基础距天然气管道 1.5 m,采用 I45B 型工字钢作为主要受力结构。I45B 型工字钢上铺设 20 mm 的钢板与工字钢连接,作为钢便桥的桥面铺装,钢便桥条形基础与天然气管道平行布置,钢便桥与天然气交角为 90°。

2.2.1　现场勘测、设计、放样

总承包项目部安排 GPS 测量仪器,川气东送鄂东管理处安排管道深度位置探测仪,共同测量施工现场管道的具体位置及绝对坐标。为确保数据的准确、无误,根据现场勘测的数据,设计出便桥的基础开挖具体位置。基础开挖必须保证距管壁距离最少达到 1.5 m,并根据设计图纸坐标,对现场进行精确放样。放样后开挖前邀请川气东送管道公司技术人员进行现场确认。测量数据如表 2-1 所示。

表 2-1　鄂咸高速公路 K56＋926 斜跨 ELZ007 川气东送管道现场勘测数据

点名	X 坐标/m	Y 坐标/m	原地面高程/m	管道顶深度/m	管道顶高程/m
1#	514365.599	3323592.794	50.486	3.0	47.486
2#	514374.59	3323591.127	50.027	2.7	47.327
3#	514381.316	3323590.618	48.725	1.8	46.925
4#	514391.314	3323589.461	47.331	1.7	45.631
5#	514401.655	3323588.471	45.613	1.7	43.913
6#	514414.586	3323587.503	44.770	2.6	42.170
7#	514415.995	3323587.444	43.684	1.7	41.984
8#	514422.837	3323586.515	43.361	2.4	40.961
9#	514425.209	3323586.152	42.321	1.8	40.521
10#	514431.994	3323585.602	42.599	2.7	39.899
11#	514434.164	3323585.299	41.531	1.8	39.731
12#	514444.348	3323584.263	41.101	1.8	39.301
13#	514447.349	3323583.948	41.583	2.5	39.083
14#	514454.341	3323583.171	40.628	1.8	38.828
15#	514461.825	3323582.278	40.549	2.0	38.549
16#	514465.127	3323581.843	40.386	2.0	38.386
17#	514467.286	3323581.615	40.311	2.0	38.311
18#	514470.445	3323583.126	40.306	2.0	38.306
19#	514472.856	3323584.496	39.992	1.9	38.092
20#	514476.98	3323586.906	39.555	1.6	37.955

开挖数据如表 2-2 所示。

表 2-2　上跨管道钢便桥基础放样数据

编号	X 坐标/m	Y 坐标/m	备注
1	3323589.641	514425.492	
2	3323588.146	514425.371	
3	3323589.091	514432.277	小桩号 7×1.5×1
4	3323587.596	514432.156	
5	3323584.159	514425.047	
6	3323582.663	514424.926	
7	3323582.113	514431.711	小桩号 7×1.5×1
8	3323583.609	514431.832	

2.2.2　基坑开挖

川气东送天然气管道除了埋有一条直径为 1 m 的输气管道外,在管道的附近还埋有一条通讯光缆。为了确保输气管道及通讯光缆的绝对安全,首先要采用人工开挖探坑验证管道、光缆的具体位置、埋深。在开挖基础的过程中全部采用人工开挖,坚决不动用机械进行开挖。尽量减少开挖面,在能够保证地基承载力的情况下,尽量挖浅基础,严格按照测量放样的点位(图 2-1)进行开挖,并邀请中石化川气东送天然气管道有限公司技术人员到现场指导。

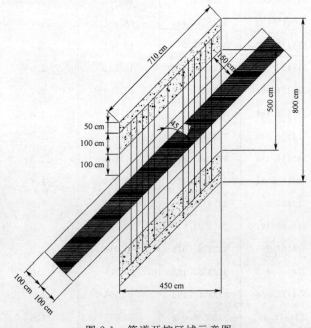

图 2-1　管道开挖区域示意图

2.2.3　条形基础混凝土施工

条形基础长度 7.0 m,宽度控制在 1.5 m,厚度为内侧 0.5 m、外侧 1 m,采用 C30 混凝土浇筑。现场施工时,采用钢模板支模,利用水泥混凝土罐车自卸、320 挖机配合进行混凝土浇筑,现场配合工人振捣,保证施工质量,在混凝土初凝前,插入工字钢限位钢筋,工字钢两侧各 1 片,位置准确。

待条形基础混凝土强度达到 75% 后,采用挖机配合工人进行工字钢安装,就位的工字钢先与限位钢筋焊接,保证工字钢的位置及间距,后采用钢筋进行工字钢的横向连接,每 1 m 连接一道,完成后上铺 2 cm 厚钢板,与工字钢采用焊接的形式,保证 11 片工字钢整体受力。

桥面施工完成后,在两侧设置高度 1.2 m 的护栏,并放置反光贴及警示灯,按相关规定要求在便桥两侧设置限速、限重、减速慢行等标志。

桥梁在设计时已考虑桥位区管线的保护因素,与管最近距离 1.5 m,桥台与管线间互补干扰。施工前在管线两侧各 1.5 m 的范围设置隔离栏杆,将管线进行封闭保护,任何设备及材料均不得进入隔离区,即可对管线进行有效保护。

2.2.4　沉降观测点的布设

为了确保管道的安全,按照川气东输管理处的要求,在浇筑条形基础完毕后、混凝土初凝前,分别在条形基础的两侧预埋两个钢筋头,作为沉降观测点。在重车通过时和重车频繁碾压后,可不定期进行沉降观测,来分析钢便桥对管道的安全。

2.3　钢便桥荷载及地基承载力计算

2.3.1　荷载分析

根据现场施工需要,钢便桥承受荷载主要由桥梁自重荷载 q 和车辆荷载 P 两部分组成,其中车辆荷载为主要荷载。

为简便计算方法,桥梁自重荷载按均布荷载考虑,车辆荷载按集中荷载考虑。下面以单片工字钢受力情况分析确定 q、P 值。

(1)q 值确定

由资料查得,45 型工字钢重 87.4 kg/m,钢板 157 kg/m^2。

$$q=[(4.5 \times 1 \times 157+87.4 \times 11)/10] \times 9.8/1000=1.63 \text{ kN/m}$$

加上护栏及附属设施,单片工字钢承受的力按 1.7 kN/m 计,即 q=1.7 kN/m。

(2)P 值确定

根据施工需要,并结合调查,钢便桥最大要求能通过后轮重 80 t 的大型车辆,压力 F 为 800 kN,由 11 片梁同时承受,单片工字钢受集中荷载为 800/11=72.7 kN。

钢便桥设计通过车速为 5 km/h,车辆对桥面的冲击荷载较小,故取冲击荷载系数 0.4,计算得到 $P=72.7\times(1+0.4)=101.78$ kN。

2.3.2 结构强度计算

已知 $q=1.7$ kN/m,$P=101.78$ kN,工字钢计算跨径 $l=5$ m,根据设计规范,工字钢容许弯曲应力 $[\sigma]=210$ MPa,容许剪应力 $[\sigma]=120$ MPa。

(1)最大弯矩计算

弯矩 $M_1=q\times l^2/8=(1.7\times5\times5)/8=5.31$ kN·m。

弯矩 $M_2=1/4P\times l=1/4\times101.78\times5=127.225$ kN·m。

弯矩 $M=M_1+M_2=127.225+5.31=132.535$ kN·m<210 MPa,满足要求。

(2)最大剪力计算

由于工字钢在受剪力时,大部分剪力由腹板承受,且腹板中的剪力较均匀,因此剪力可近似按 $V/(I/S)d$ 计算。其中,V 为平均弯矩;I/S 为惯性矩与半截面的静力矩的比值;d 为腹板厚度。可直接查规范得 $I/S=381$ mm,$d=13.5$ mm。

计算得到:

$V=M/2=132.535/2=66.26$ MPa。

剪力 $V/(I/S)d=66.26/(381\times13.5)=12.88$ MPa<120 MPa,满足要求。

2.3.3 计算结果分析

根据以上计算,可见本便桥可承受总重量为 80 t 的车辆。

2.3.4 地基承载力计算

承载力 $P_1=80$ t$=800$ kN(行驶车辆最重计算)。

承载力 $P_2=84.7\times11\times7+157\times7\times4.5=117$ kN,再加上护栏、钢筋等附属设施,按 125 kN 计算(桥面系自重)。

承载力 $P_3=0.976\times7.1\times26=180.2$ kN。

总荷载 $P=P_1+P_2+P_3=800+117+125=1042$ kN。

混凝土基础自重面积 $S=7.1\times1.06\times2=15.05$ m²。

地基承载力 $Fa=F/S=1042/15.05=69.24$ kN/m²。

2.4 天然气管道保护措施

(1)坚持按照川气东送管道分公司有关要求办理相关手续和对天然气管线的监护,天然气管线相关部门进行现场交底监护工作。

(2)施工前,根据业主和地下管线相关单位提供的天然气管线资料采用物探手段对施工范围的管线进行确认,并且开挖探坑,摸清管线的位置、深度、直径、天然气管道的走向,在施工图上明确标明。

(3)在施工范围内的天然气管线所在位置设立标识牌,沿管线走向每隔 3 m 设置一处标识牌,标明管线名称。

(4)管理人员要与现场直接操作人员交底到位,一定要将天然气管线保护的重要性传递到每一个现场施工人员,并严格现场监管,如因管理不善,措施不当而造成事故的有关人员,项目部将进行严格处理,严防施工机械破坏管线造成不必要的事故。天然气管线若受到破坏则后果不堪设想,必须确保天然气管道的安全。设专人针对管线保护施工全程防护。

(5)施工中如发现天然气管线有异常现象或管位有差异,可能对管线的安全和维修产生影响时,应立即停止施工,同时与天然气管线相关部门联系,落实保护管道的措施后方可继续施工。

(6)现场施工人员及管理人员要认真学习熟悉天然气管线保护方案,服从管线管理单位人员的管理,保证管道保护措施和应急预案可以执行到位。

(7)作业现场严禁吸烟、携带火种。

第3章 基于光纤光栅技术的管道开挖基坑边坡监测

公路施工上跨长输管道施工过程中,管道在开挖后会形成一个基坑,而基坑边坡和危岩落石监测工程环境恶劣,边坡土质的酸碱性、雨水的酸碱性、阳光暴晒、高温高湿以及工程长期监测要求等因素对光纤传感器的性能提出新的要求。光纤光栅自身的材料为二氧化硅,物理稳定性非常好,而光纤光栅传感器是通过将光纤光栅封装在传感器基体上来完成的,光纤光栅传感器的特性、稳定性以及寿命等受整个制造过程中每个环节的影响,其中光纤光栅稳定性好,基体材料也可以选择,因此,最主要的影响因素就是光纤光栅的封装。

目前光纤光栅最通用的封装方法就是环氧胶黏剂黏贴,这种胶黏剂封装的光纤光栅传感器在恶劣边坡工程环境下存在耐久性和长期稳定性问题,边坡工程的实际监测环境对光纤光栅的封装技术提出特殊要求。本章首先介绍光纤光栅的基本传感原理,重点研究一种适用于恶劣环境的光纤光栅的全金属封装技术,避免胶黏剂封装带来的老化、蠕变等缺陷问题。

3.1 光纤光栅的传感原理

3.1.1 光纤光栅的基本理论

1978 年,加拿大渥太华通信研究中心的 Hill 等研究人员探测到了光纤的光敏特性。该研究中心的科研人员将一束波长 488 nm 的氩离子激光注入光纤的纤芯时,氩离子激光的输出功率出现了明显的降低。该现象的原因是光纤纤芯中相对参数的两束光互相干涉,形成了周期分布的驻波图形,进而在光纤中诱发出周期性的折射率分布,这就是 Hill 光栅的形成,是初次的光栅研究报道。Hill 光栅现象与双光子过程联系,产生一种新类型内纤相位结构,其中最重要的就是光纤布喇格光栅(fiber Bragg grating,FBG)。事实上,Hill 的该研究成果当时并未引起重视,直至1989 年,美国的 Morey 等学者首次将光纤光栅用作传感检测,用实验证明了光栅对应变和温度的敏感性,自此以后,光纤光栅传感技术才迎来了其蓬勃发展的机会,基于 FBG 传感的检测、监测技术不断应用于大型土木工程、大型机械装备、航空航天等领域。

随着光纤光栅的不同应用需求,其种类也越来越多,根据光纤光栅的波矢方向、空间分布以及周期大小等,光纤光栅基本可分为四类,即光纤布喇格光栅(也称Bragg 光栅)、闪耀光纤光栅、啁啾光纤光栅和长周期光纤光栅。而光纤布拉格光栅作为最早研究发现的光栅,在当今光纤光栅传感领域,应用最普遍。和其他形式的光栅一样,布喇格光栅也是由于光纤的光敏性产生折射率的改动,将光敏光纤暴露在紫外光束互相干涉带来的光波条纹里,形成折射率调制分布。光纤光栅有效折现率 n_{eff} 的变化规律可用下述公式表示:

$$\Delta n_{\text{eff}}(z) = \overline{\Delta n_{\text{eff}}}(z) \left\{ 1 + s \cdot \cos \left[\frac{2\pi}{\Lambda} + \varphi(z) \right] \right\} \tag{3-1}$$

式中, n_{eff} 是光纤的有效折现率; s 是与纤芯折射率调制情况相关联的干涉条纹可见度参数,一般取值为 $0.5 \sim 1$; Λ 为光栅形成的栅格的周期,为 $0.2 \sim 0.5 \ \mu\text{m}$; $\varphi(z)$ 是与光栅的周期啁啾或者相移相关的函数; $\overline{\Delta n_{\text{eff}}}(z)$ 是光栅平均折射率的周期变化表示,为 $10^{-5} \sim 10^{-3}$,由于其可在光纤光栅的轴向缓慢变化,故又可称其为"慢变包络"。不同类型的光纤光栅可以通过 $\varphi(z)$ 和 $\overline{\Delta n_{\text{eff}}}(z)$ 的形式来表征。

在 FBG 技术的研究历程中,光纤光栅的写入制成技术对其发展起着重要作用。渥太华通信研究中心的研究人员发现,应用光纤光敏性特性采用的手段(称为内部写入法)制作光栅的效率不高,并且写入的 Bragg 光栅波长局限于激光光源的波长,导致光栅技术发展缓慢,这也是当时发现的光栅技术未能得到充分重视的原因之一。后来美国学者 Meltz 提出了一种紫外侧写的分振幅干涉法,有力地推进了光纤光栅技术的向前发展。目前,光纤光栅的激光刻写途径多种多样,不同的研究需求对制作方法的要求不同。相位掩膜写入法可以用一个光学衍射元件(掩膜板)进行光纤光栅的写入,该方法中入射紫外光束透过相位掩膜后发生的衍射光产生高质量的光干涉。相位掩膜写入法对激光光束的相干性质量要求不那么严格,还能较为容易地写出反射周期精确的 Bragg 光栅,因此,该写入技术发展迅速,已经是国内外各研究机构和商业公司普遍使用的光栅制造技术。下面主要介绍相位掩膜写入技术。

根据透过衍射光器件(目前通常采用的是位相掩膜板)的光源在掩膜板表面附近发生干涉场,形成光稳定的干涉条纹现象。这种条纹在光敏光纤中形成折射率的周期改变,进而形成光纤光栅。

相位掩膜板已经商业化制造,但主要集中在国外几家公司,其材料一般采用的是熔融石英,通过特殊光学工艺在其表面上刻写周期为 Λ 的调制结构。光源透射过相位掩膜板后产生 0 级衍射光束,其光功率被抑制到小于总衍射光功率的 5%,而 $\pm$ 1 级衍射光各约占总衍射光功率的 40%。干涉条纹使得光敏光纤的纤芯中产生周期性的折射率调制,形成光纤光栅。图 3-1 给出相位掩膜板照片和该方法刻写的光纤光栅的反射光谱图。

根据光纤光栅的耦合模理论,得出光纤光栅的光栅方程:

$$\lambda_B = 2 n_{\text{eff}} \Lambda \tag{3-2}$$

该方程决定了光栅的反射波与其栅格周期 Λ 以及反向耦合模有限折射率 n_{eff} 之

间的关系,是光纤光栅在外界扰动下产生的波长漂移的理论基础。

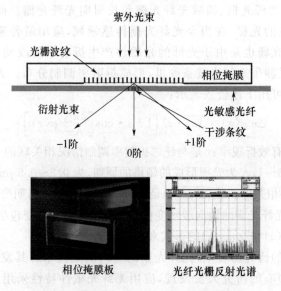

图 3-1　相位掩膜法刻写光纤光栅原理以及
相位掩膜板照片和光纤光栅反射光谱

3.1.2　光纤光栅的传感特性

光纤光栅反射特定波长的光信号,当外界的测量引起光纤光栅的温度、应力变化时,其反射光的中心波长相应改变,即光纤光栅反射光中心波长的变化反映了被测信号的变化情况。图 3-2 是光纤光栅的测量原理示意图。

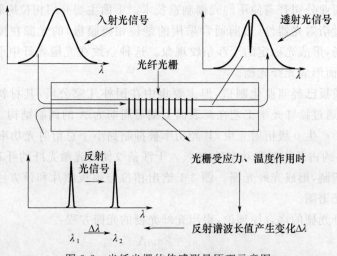

图 3-2　光纤光栅的传感测量原理示意图

在所有引起光栅波长漂移的外界扰动因素中,最直接的就是应变和温度产量。将式(3-2)进行微分方程表示,可得

$$\Delta\lambda_B = 2n_{eff}\Delta\Lambda + 2\Delta n_{eff}\Lambda \tag{3-3}$$

首先介绍光纤光栅的应变检测理论,当光纤光栅受到的应变作用是严格的沿其轴向且应变均匀时,外界应变引起光栅栅格周期的变化,即 $\Delta\Lambda/\Lambda = \varepsilon$。

另外,弹光效应同样引起有效折射率的变化,即

$$\Delta n_{eff} = \frac{n_{eff}^3 [P_{12} - \nu(P_{11} + P_{12})]}{2}\varepsilon$$

式中,P_{11} 与 P_{22} 是光纤应变张量的分量。将 $\Delta\Lambda$ 和 Δn_{eff} 代入式(3-3)可得

$$\Delta\lambda_B = 2n_{eff}\Lambda\left\{-\frac{1}{2}n_{eff}^2[P_{12} - \nu(P_{11} + P_{12})]\right\}\varepsilon + 2n_{eff}\Lambda\varepsilon \tag{3-4}$$

设定 $P_e = \frac{n_{eff}^2}{2}[P_{12} - v(P_{11} + P_{12})]$,是光纤的弹光系数,则可得

$$\Delta\lambda_B = (1 - P_e)\lambda_B\varepsilon = K_\varepsilon\varepsilon \tag{3-5}$$

式(3-5)就是光纤光栅受轴向应变情况下的波长漂移与施加应变之间的关系式,其中 K_ε 为光纤光栅对轴向应变的灵敏系数,该灵敏度系数的数值大小与光纤自身的材料属性有关,由光纤的有效折射率、弹光系数和泊松比共同决定。所以当光纤的材料确定后,K_ε 就是一个常数。该公式在理论上决定了光纤光栅在受到轴向应变时,波长漂移量 $\Delta\lambda$ 与外界应变 ε 之间是良好的线性关系。

对于最常用到的石英光纤,其 $n_{eff} = 1.456$,$P_{11} = 0.121$,$P_{12} = 0.27$,$\nu = 0.17$,弹光系数 P_e 在常温下取值为 0.22。而对于常用到的传感光纤光栅,其中心波长在 1300 nm 和 1500 nm 波段,若为 1300 nm,则由式(3-5)计算得每个微应变所引起的波长漂移量约为 1.014 pm,这就是我们常提到的对于中心波长在 1300 nm 波段的光纤光栅,其应变灵敏度系数约为 1 pm/$\mu\varepsilon$;同样道理,对于中心波长在 1500 nm 波段附近的光纤光栅,其应变灵敏度系数约为 1.17 pm/$\mu\varepsilon$。

再看式(3-3)来说明光纤光栅的温度检测原理。当光栅所处的外界环境温度变化为 ΔT,可得到光纤光栅的中心反射波长变化量 $\Delta\lambda_B$,如式(3-6)所示。

$$\Delta\lambda_B = 2\left[\frac{\partial n_{eff}}{\partial T}\Delta T + (\Delta n_{eff})_{ep} + \frac{\partial n_{eff}}{\partial a}\Delta a\right]\Lambda + 2n_{eff}\frac{\partial\Lambda}{\partial T}\Delta T \tag{3-6}$$

式中,$\frac{1}{n_{eff}}\frac{\partial n_{eff}}{\partial T}$ 是光纤光栅的热光系数(thermo-optic coefficient),代表符号是 ξ;$\frac{1}{\Lambda}\frac{\partial\Lambda}{\partial T}$ 为光纤光栅的热膨胀系数(coefficient of thermal expansion),代表符号是 α;$(\Delta n_{eff})_{ep}$ 是由光纤热膨胀效应而致的光栅有效折射率的改变;热膨胀还会使光纤纤芯直径产生变化,这种变化产生波导效应进而再引起纤芯有效折射率变化,这种变化即为 $\frac{\partial n_{eff}}{\partial\alpha}$。

式(3-6)变成式(3-7)：

$$\frac{\Delta\lambda_B}{\lambda_B\Delta T}=\frac{1}{n_{\text{eff}}}\left[n_{\text{eff}}\xi+\frac{(\Delta n_{\text{eff}})_{\text{ep}}}{\Delta T}+\frac{\partial n_{\text{eff}}}{\partial\alpha}\cdot\frac{\Delta\alpha}{\Delta T}\right]+\alpha \tag{3-7}$$

式(3-8)可视为温度引起的各方向的应变表达式：

$$\begin{bmatrix}\varepsilon_{rr}\\\varepsilon_{\theta\theta}\\\varepsilon_{zz}\end{bmatrix}=\begin{bmatrix}\alpha\Delta T\\\alpha\Delta T\\\alpha\Delta T\end{bmatrix} \tag{3-8}$$

可得光纤光栅的温度灵敏度系数表达式：

$$\frac{\Delta\lambda_B}{\lambda_B\Delta T}=\frac{1}{n_{\text{eff}}}\left[n_{\text{eff}}\xi-\frac{n_{\text{eff}}^3}{2}(P_{11}+2P_{12})\alpha+k_{\text{wg}}\cdot\frac{\Delta\alpha}{\Delta T}\right]+\alpha \tag{3-9}$$

式中，k_{wg} 为波导效应导致的光栅波长改变的影响参量；在室温环境中，对于二氧化硅材质的光纤而言，SiO_2 的热膨胀系数 $\alpha\approx0.5\times10^{-6}$，其热光系数数值 $\xi\approx7.0\times10^{-6}$。

可以看出，热膨胀系数与热光系数之间存在数量级的差别，而弹光效应对 FBG 波长改变的作用要比波导效应强烈。因此，波导效应对温度灵敏度系数的影响通常可以不计，故式(3-9)可简化为式(3-10)。

$$\frac{\Delta\lambda_B}{\lambda_B}=(\xi+\alpha)\times\Delta T=\xi\times\Delta T \tag{3-10}$$

对于常用到的中心波长在 1300 nm 和 1500 nm 波段的光纤光栅，室温范围内，其温度灵敏度分别约为 9.1 pm/℃ 和 10.5 pm/℃。

进一步简化，可以将光纤光栅波长改变对温度和应变的响应关系式写为

$$\frac{\Delta\lambda_B}{\lambda_B}=(\alpha_f+\xi)\Delta T+(1-P_e)\Delta\varepsilon \tag{3-11}$$

式中，λ_B 为光纤光栅的中心波长；$\Delta\lambda_B$ 为光栅的波长变化量；$\alpha_f=\frac{1}{\Lambda}\times\frac{d\Lambda}{dT}$，为光纤的热膨胀系数；$\xi=\frac{1}{n}\times\frac{dn}{dT}$，为光纤材料的热光系数；$P_e=-\frac{1}{n}\times\frac{dn}{d\varepsilon}$，为光纤的弹光系数；$P_e$ 在常温时约等于 0.22，液氮温度时约等于 0.088。该公式就是光纤光栅最通用的传感检测原理表达。

光纤光栅自身的测量参量只有温度和应变，那么利用光纤光栅测量振动、位移、流量、压力、倾角等物理量时，就需要将光纤光栅自身封装于特定的物理量转化传感体结构内。该传感体结构内布置光纤光栅处对于外界相应的振动、位移等物理量产生一定的应变信息，光纤光栅感知由外界物理量变化带来的应变扰动，带动其反射波长随外界物理量的变化而改变。通过检测光纤光栅的波长变化规律，就可以反推外界物理量的变化信息，这就是光纤光栅测量外界物理量的基本原理。图 3-3 给出的是上述表述的图解。由于光纤光栅的波长漂移受温度和应变的双重作用，在实际传感应用中，还需解决光纤光栅类传感器的温度补偿等技术问题。

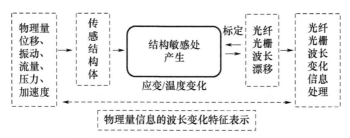

图 3-3　光纤光栅传感的物理量检测原理

3.2　光纤光栅的封装技术

3.2.1　光纤光栅的封装技术简介

光纤光栅自身比较脆弱,易折断,在实际的应用中需要进行封装保护,且其基本的测量参数为应变和温度,检测其他物理量时也需要将光纤光栅封装在一定的机械转换结构上。光纤光栅主要的封装技术有胶黏剂黏贴封装、焊料封装、金属焊接封装等。不同的封装方法和封装工艺对光栅的传感特性有不同重要影响,例如可通过光栅的外部封装增加其温度灵敏度以满足特殊环境下的测量要求,光栅表面镀制一层化学薄膜、金属薄膜等可以使光纤光栅具备探测化学气体、电磁场的能力。

环氧胶黏剂黏贴是光纤光栅最为常用的一种封装方法,操作简单,通用性强,但环氧树脂胶黏剂在湿热、阳光、紫外光等环境因素影响下,容易产生老化、蠕变,甚至脱落等现象,导致光栅的传感性能降低、失效。光纤光栅的金属化封装具备诸多优点,可使光纤传感器具备可焊接性,避免胶黏剂封装的容易老化失效缺陷,是近年来的研究热点。下面主要介绍胶黏剂封装的光纤光栅传感器的失效特点,以及一种光纤光栅的表面金属化技术和其锡焊与激光焊接封装技术。

3.2.2　边坡环境下胶黏剂封装的耐久性问题

光纤光栅在传感器弹性结构体上的封装大都是通过胶黏剂的黏贴实现的,而边坡的土壤环境的酸碱性等可能会对胶黏剂产生一定的老化、蠕变,甚至腐蚀等作用,进而影响弹性体的应变等物理变化,通过胶黏剂传递到光纤光栅的传递效果,即应变传递率。结合具体边坡工程实际的酸性土壤环境,本节介绍针对胶黏剂封装的光纤光栅传感器的酸性耐久性的研究。该研究包括一个庞大的试验及测试过程,此处只简要介绍研究方法和结论,重点主要集中于根据胶黏剂封装光纤光栅的耐久研究结果,提出一种光纤光栅全金属无胶化封装技术。金属封装后的光纤光栅可以避免胶黏剂老化、蠕变等缺陷。

根据边坡工程实地的酸性土壤环境,配制不同浓度的酸性溶液,配液成分主要包括浓 HCl(37%)、蒸馏水、NaCl、Na_2SO_4、$NaHCO_3$，配制 5 种不同盐酸浓度的模拟溶液：0.1%、0.3%、0.6%、0.8%和 1%。研究酸性环境胶黏剂封装光纤光栅的应变传递效果，工程实际用到的 DG-4 胶黏剂将光纤光栅封装到标准试验件上，总共 5 个试验件，将它们分别浸泡在上述 5 种不同浓度的酸性溶液中，试件照片如图 3-4 所示。试验方法如下：将制作好的试验件在浸入酸溶液之前，对其实施拉伸测试，得出每个试验件的光纤光栅波长偏移对于拉力载荷作的灵敏度，随后将试件浸入溶液，后续在不同的浸入时间情况下，取出试件，做出同样的拉伸测试，得出该浸泡时间下的灵敏度，并与未浸泡前做对比，观察其灵敏度变化。图 3-5 是试件在酸溶液中浸泡情况以及在 0.1%浓度下，不同浸泡时间后试件胶黏剂的变化情况照片。将不同浸泡时间后的拉伸测试灵敏度值与浸泡腐蚀前的灵敏度值做比值，观察该比值的变化情况，就可以得到酸性环境对应变传递的影响，因此，未腐蚀时的比值，即应变传递率就为 1。图 3-6 是不同腐蚀时间下，胶黏剂封装的光纤光栅试件的应变传递率变化情况，可以看出，应变传递率随着腐蚀时间的加长而越来越低，且浓度越高的溶液这种下降趋势越为显著，例如 1%溶液下，262 h 后胶黏剂就发生脱落，拉伸测试无法继续，该传感试件失效。

图 3-4　胶黏剂封装的光纤光栅试件及其应变传递拉伸试验情况

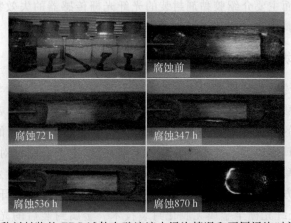

图 3-5　胶黏剂封装的 FBG 试件在酸溶液中浸泡情况和不同浸泡时间下的照片

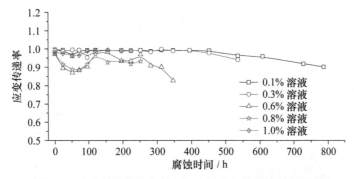

图 3-6　胶黏剂封装的光纤光栅试件应变传递率变化情况

3.2.3　光纤光栅的全金属封装技术

针对胶黏剂封装的光纤光栅出现的老化、蠕变、腐蚀等缺点,本节提出一种光纤光栅的全金属封装技术。金属化封装保护后的光纤光栅具有导电性、导磁性、耐高温、抵制水汽腐蚀和具备焊接性等优点。石英光纤表面金属化的研究报道并不多,因其在军事等高科技领域明显的应用特点,美国等国家对光纤金属化技术严格保密,国内对光纤金属化的研究处于起步阶段,主要集中在光纤的金属涂覆技术以及简单的锡焊封装后的光纤光栅传感器的温度、应变等简单的试验研究上。

要达到全金属封装的目的,首先需要将光纤光栅自身金属化涂覆,石英光纤表面金属化的方法主要包括磁控溅射、气象沉积、化学镀等,结合实验室的技术设备优势——德国 BESTECH 磁控溅射真空镀膜机,本节决定采用溅射法对光纤表面实施镀膜。应当说磁控溅射镀膜研究并不算新颖,我们的研究目的是光纤光栅与传感器基体的金属封装固定,不单纯仅仅将光纤表面金属化,因此金属化的工艺流程方法等应与其他研究不同。目前将表面金属化后的光纤光栅封装固定采用较为普遍的是金锡熔化焊接,该封装后的传感器受锡熔点较低(180～185 ℃)的限制,无法应用到稍高温的环境中,此处主要研究一种金属化后的光纤光栅激光点焊技术,利用激光焊接技术将光纤光栅的金属涂覆层焊接到传感器基体上而不损伤金属层里面的二氧化硅光纤光栅。

该封装有以下技术要求:①金属涂覆层需要有一定的厚度来满足激光光斑焊击,金属层太薄会使激光容易损伤光栅且焊接不牢固,金属层太厚容易改变光纤光栅的结构特征,增加不确定的传感特性影响因素;②金属涂覆层与光纤二氧化硅的结合必须牢固,由于是将金属层焊接到传感器基体上,传感器基体放入应变是通过金属涂覆层传递到光纤光栅上,若金属涂覆层与光纤结合不牢,就会影响传感性能。图 3-7(a)是本节提出的二氧化硅光纤的金属涂覆方法,首先在清洁处理后的裸光纤表面磁控溅射一层铬(Cr),其厚度约为 20 nm,这是因为 Cr 与光纤材料中硅的原子结构相似,其与光纤的亲和力更强,结合效果好,不易脱落;其次是在 Cr 层上再溅射一层银（Ag），其厚度约为 40 nm，镀 Ag 其实是为下一步电镀铜做准备，Ag 具有良好的导电性，可以使整个镀膜光纤上导电性良好；最后需要在 Ag 层上电镀一层铜（Cu），由于磁控溅射镀膜的厚度很薄，都在纳米级别，无法满足激光点焊要求。采用电镀方法在溅射的银层上镀一层铜，直至其具备一定厚度。图 3-7(b) 给出的是激光点焊或者锡焊等方法对金属光纤封装固定于传感器基体上的方法示意。

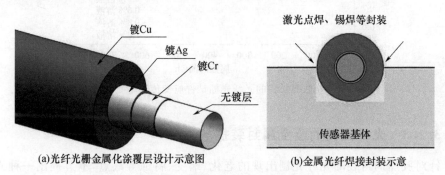

（a）光纤光栅金属化涂覆层设计示意图　　（b）金属光纤焊接封装示意

图 3-7　光纤金属涂覆与焊接封装

　　磁控溅射对光纤进行镀膜时，应特别注意对光纤的表面清洁处理，应使用丙酮、酒精等去除裸光纤表面的油污等。图 3-8 是磁控溅射的镀膜机和光纤夹具以及经过溅射后的光纤光栅，其中光纤夹具中两端的盒子将光纤尾纤放入，只溅射夹具盒子外面的一段光纤光栅。在电镀铜过程中采用的电解质溶液成分如表 3-1 所示，恒定电流源电流为 10 mA，阴极放置溅射完毕 Ag 层的光纤光栅，阳极放置铜金属棒，在开始电镀约 3 h 后就可以得到外径为 0.3 mm 的金属光纤。图 3-9 是电镀完毕后的金属光纤光栅及其放大效果图。自此，光纤光栅的金属化涂覆工作完成，下面将介绍金属涂覆后的光纤光栅开展锡焊、激光焊接等封装技术。

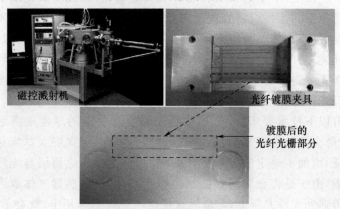

图 3-8　磁控溅射真空镀膜机和光纤镀膜夹具
以及溅射后的光纤光栅照片

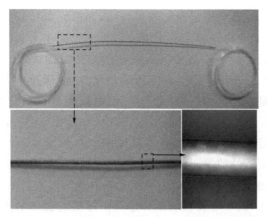

图 3-9　电镀铜金属后的光纤光栅及其放大图

表 3-1　光纤光栅电镀铜化学镀液成分表

成分	CuSO₄·5H₂O /(g/L)	H₂SO₄(98%) /(g/L)	NaCl /(g/L)	恒定电流 /mA	pH 值
值	175	55	0.1	10	2.5

　　在对金属涂覆后的光纤光栅开展金属锡焊接研究时,采用的焊锡为普通的电路焊接锡,为了保证焊接固定质量,采用的基体材料与涂覆层的材料一致,均为铜(H62),基体结构选用的是加速度传感器的研究零件,金属光纤光栅的铜层的外径为0.3 mm。电烙铁作为熔化焊锡和操作的工具。图 3-10 是将金属光纤锡焊固定在铜质零部件上的效果图。经过多次锡焊试验,得出以下试验结果:该金属光纤光栅可以通过锡焊固定,且较为牢固,但锡焊过程中,由于焊锡融化需要的温度传递到光栅上时,容易使光纤光栅啁啾失效;另一方面锡金属自身的熔点不高,限制了使该方法封装的传感器的使用环境,若在常温下工作,该锡焊不失为一种很好的金属封装方法。利用该锡焊技术封装制作的一种光纤光栅加速度传感器,在后续的振动等一系列测试中表现出良好性能,也说明了锡焊封装的可行性。

图 3-10　金属光纤光栅的金锡焊接试验情况

以上是金属涂覆光纤光栅的金锡焊接方法,而激光焊接封装可以克服锡焊带来的工作温度限制,但激光焊接操作、工艺复杂,为此开展了大量的试验来摸索其焊接工艺。焊接使用的激光点焊设备由楚天工业激光公司提供,经过多次的焊接摸索,得出在金属涂覆为 0.3 mm 下的金属光纤的最优焊接(焊接牢固、内部光纤不损伤,不影响光栅光谱质量)激光参数:功率为 10 W,电流为 107 A,脉宽为 0.8 ms,频率为 10 Hz。图 3-11 是开展激光焊接时的情况,其中(a)是激光设备,(b)是设计的固定传感器基体的夹具安装在焊接设备上并将基体固定时的情景,(d)是将金属光纤焊接封装到传感器基体上后的情况,从(c)和(e)两个放大图中可以看到激光焊接时的点焊痕迹。图 3-12 给出的是焊接试验中某双光栅激光焊接前后的光谱变化,可以看出光谱的质量并未损坏,其中心波长的漂移是由于焊接过程中对光栅施加了一定的预拉力。从光纤光栅的磁控溅射、电镀金属涂覆化,到锡焊、激光焊接,成功地实施了光纤光栅的全金属封装技术,取得了较好的封装效果。

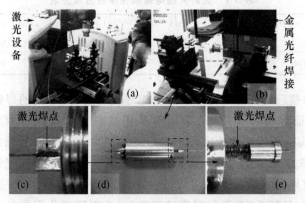

图 3-11　金属光纤光栅的激光焊接封装和焊接效果照片

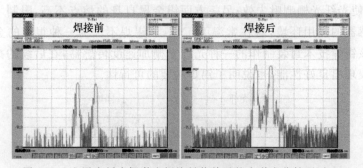

图 3-12　金属光纤光栅激光焊接封装前后的光谱变化情况对比

3.3　高陡边坡变形失稳特征和机理

边坡失稳最直接的变化信息就是其内部变形。边坡失稳是一个缓慢的累积过程,内部变形逐步扩大,到达一定极限时,可能在外界的雨水、地震等作用下瞬间发现滑坡等灾害,因此实施在线的、长期的边坡内部变形监测,了解内部变形的走势和规律,对预防边坡失稳有着重大意义,这也是为什么边坡测斜是工程实际中实施的最不可或缺、最常见的监测内容;边坡的表面崩塌、落石等发生前后,坡面的位移变化大小和走势信息也是预防和预警灾害的重要信息,边坡内部的变形反映的是边坡整体的运动状态,即使内部不存在变形的情况下,边坡表面也可能存在滑动崩塌,因此边坡表面位移监测与内部变形监测一样不可或缺;边坡加固锚杆锚固力是边坡内部变形产生的应力状态的有效反应,若锚杆失去锚固作用力或者锚固力变化异常,则是失稳前的重要征兆,因此锚杆应力也是一项重要的监测内容。锚杆应力在线监测能够了解锚杆的实际工作状态,在边坡内部有滑动失稳及变形趋势时,锚杆的弯曲、拉伸等带来的应变变化信息是重要的边坡稳定判别科学依据。

3.3.1　高陡边坡模型的建立

将边坡按比例缩小为一试验模型,在室内利用离心机施加离心力来模拟大重力场,大重力场作用加速边坡模型的破坏,可以直观地观察到大重力场作用下边坡的破坏现象,进一步了解边坡变形失稳的形式和机理。这种物理模拟研究方法应用于岩土体稳定性分析始于 20 世纪 70 年代。由于它能直接量测和记录边坡的变形、破坏演变过程,通过试验分析获得边坡变形演变过程中各阶段的应力分布状态和由于变形与局部破坏导致的应力重分布情况,近年来模型试验获得了较快的发展。光纤传感技术也开始应用到模型试验中,目前国内外的应用研究主要是从光纤基于布里渊光时域反射(BOTDR)和锚杆模型(FBG)技术两个方面开展的。

边坡模型尺寸都比较小,模型试验箱里的空间有限,普通的传感器体积都比较大,使用不便,因此开展离心试验过程中的各个参量监测较为困难,难以得到准确的失稳变形量。很多学者正是利用光纤光栅传感体积小,且可在一根光纤上串接多个光栅的优点,研究光纤光栅的模型试验中的应用。但该领域使用到的光纤光栅技术都处于初步的探索阶段,测量对象和光纤光栅传感测量元件不成熟,尚未充分发挥光纤传感技术的测量优势。本节根据边坡模型的构造特点,充分发挥光纤光栅的测量优势,研究了三个失稳变形量的实时监测技术,将光纤光栅用于边坡模型的坡面位移测量、抗滑桩模型的受压应变测量,以及锚杆模型的弯曲应变测量。

结合工程实际中的三级边坡工程,本节实施了一个三级边坡模型的加速失稳试验,一方面,寻求边坡失稳情况下变形特征的直观观察;另一方面,结合模型内埋入的光纤光栅元件在整个离心力施加过程中的监测信息,进一步了解边坡失稳变形现象与监测数据信息之间的对应关系,更好地获取变形特征和科学依据,为开展实际工程监测提供理论和技术支持。

图 3-13 是建立的三级边坡模型试验和光纤光栅监测示意图,其中三级边坡筑造于模型试验箱内,由混凝土模拟的岩石层和黄土模拟的土质层构成,岩石层倾角

11°,土质坡面倾角 40°。边坡模型与工程实际边坡接近,一级和二级坡面上设置有锚杆模型,底部设置有抗滑桩模型。图 3-14 是筑造的三级边坡模型照片。

使用光纤光栅传感技术,对该模型实施三种变形量的监测(本次试验中采用的光纤光栅波长在 1300 nm 附近,1 pm 的波长变化对应的即是 1 $\mu\varepsilon$)。

(1)坡面位移监测。如图 3-13 中示意,使用拉绳式位移传感器测量一级和三级边坡坡面在离心力作用下的开裂变形信息,传感器的测量原理如图 3-15 所示,采用的是等强度悬臂梁结构,梁底端固定于模型箱壁上,自由端牵出拉绳,拉绳与坡面固定器连接。当坡面位移有变化时,拉伸拉动梁弯曲,梁表面的光纤光栅测量位移变化带来的表面应变变化。试验前,对梁元件进行自由端位移——应变标定试验,得出应变与自由端挠位移的直接关系式。总共设置了 3 个黏贴有光纤光栅的梁元件,其中两个用作坡面位移测量,另外一个用作温度补偿和离心力对梁作用产生的位移补偿。

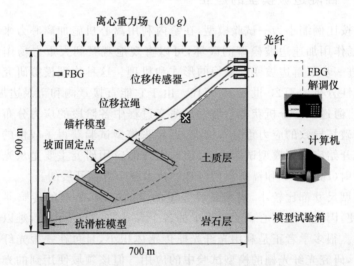

图 3-13　三级边坡模型离心试验和光纤光栅传感变形监测示意

图 3-14　试验筑造的三级边坡模型

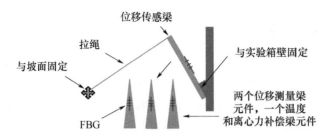

图 3-15　边坡模型坡面位移的光纤光栅测量原理

（2）模型锚杆受土质作用下的变形应变监测。模拟工程实际中的坡体加固用锚杆，在模型内部打入锚杆模型。当边坡模型在离心力作用下土壤内部及坡面产生滑动变形时，会导致锚杆弯曲变形，在锚杆表面黏贴光纤光栅，实时监测锚杆变形过程中的应变信息，对了解坡体内部变形特征有重要意义。为了便于布设光纤光栅，选取一个 20 cm×5 cm×0.9 cm 的不锈钢薄片作为锚杆模型，如图 3-16 上部所示，试验中总共采用了两个锚杆模型。

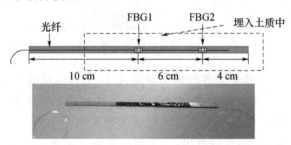

图 3-16　光纤光栅锚杆模型应变测量方法示意和 FBG 黏贴布置照片

（3）抗滑桩模型的应变变化监测。模拟工程实际中的坡体抗滑桩，试验模型中共有 3 个抗滑桩，选择中间的一个，在其面向坡体的一面布置两个光纤光栅（图 3-17），抗滑桩模型为 2 cm×2 cm×15 cm 的长方体，距底部 2 cm 固定于边坡模型的岩层中，边坡模型在离心力作用下有向下滑动趋势时，内部土壤对抗滑桩产生一个作用力，光栅测量抗滑桩受力情况下的表面应变信息，可以根据测量得到的应变信息变化特征了解边坡变形过程中内部土壤的作用力变化情况。

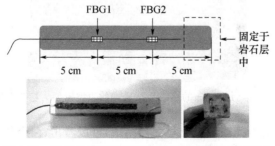

图 3-17　光纤光栅在抗滑桩模型中的布置示意和照片

3.3.2 试验结果与分析

离心试验采用的机械设备是中国工程物理研究院生产的土工离心机,其专门用于模拟路基边坡、隧道、大坝等土工结构的大重力场作用下的变形特征和应力状态试验。图 3-18 是离心机的照片,以及筑造并布置好光纤光栅测量系统后的边坡模拟安装在离心机上的情况。试验施加的目标离心力为 100 个重力加速度,即 $100g$,此时离心机转速约为 210 r/min,从机器开始运转到均匀增速达到 $100g$ 离心力约需要 5 min,$100g$ 处稳定 15 min 左右后再均匀减速停止。

图 3-18　离心试验机和边坡模型安装于离心机上的情况

试验过程中光纤光栅采集器的频率设定在 10 Hz,从机器开始运转前约 5 min 就开始记录数据,直至达到离心机减速工作。光纤光栅测量结果的数据处理中,两个位移传感器需要减去温度和离心力补偿梁的测量结果。图 3-19 是离心试验后边坡模型发生变形后的情况,可以看出,三级边坡坡面上出现一条明显的滑动裂缝,而边坡底部、一级边坡几乎完全发生崩塌,坡面遭到严重破坏,该直观的试验变形可以说明,边坡在失稳过程中内部和坡面均会发生滑动变形。

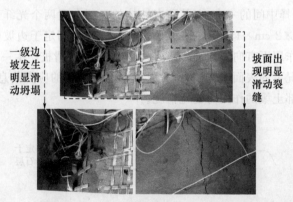

一级边坡发生明显滑动坍塌

坡面出现明显滑动裂缝

图 3-19　施加 $100g$ 的离心力试验后的边坡模型失稳变形情况

图 3-20 是两个光纤光栅坡面位移测量结果,可以看出,两个传感梁均有效的监测出了所测坡面上的滑动位移,图中在时间为 4 min 处离心机开始旋转,约在 10 min 处达

到离心力目标值 100g, 此后稳定在 100g 约 15 min, 整个试验过程大约为 25 min。可以看到在离心机加速的过程中坡面就逐渐开始出现滑动位移, 在 10 min 处达到 100g, 一级坡面和三级坡面处已经分别出现 6 mm 和 5 mm 的变形; 在离心力保持过程中, 变形位移有增大趋势, 在 15 min 时最大分别达到了 8 mm 和 5.5 mm。结合离心试验完成后坡面的直观变形照片, 一级坡面处的崩塌以及三级坡面处的明显的裂纹与光纤光栅传感监测结果相吻合, 说明光纤光栅在模型试验中的应用的可行性和有效性。

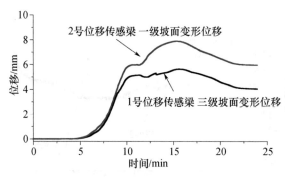

图 3-20　离心试验过程中坡面变形位移变化情况

将模型试验中位于一级和二级坡面上的两个 FBG 锚杆计模型的试验结果对比。图 3-21 是两个锚杆上的各个光纤光栅的应变测量结果, 其中纵轴是 pm 级的波长变化量, 相当于微应变, (a)图是二级坡面上两个 FBG 的试验结果, 可以看出两个光栅在试验过程中变化情况明显, 尤其是靠近锚杆模型底部的 FBG2 变化更大。而一级边坡处的锚杆模型变形比较剧烈, FBG2 处最大产生了近 3000 个微应变, 而 FBG1 处由于弯曲变形过大, 直接导致了光栅的断裂。在约 12 min 处, FBG2 的变形数据急剧变大, FBG1 在该阶段瞬间断开, 没有后续的数据记录。该试验结果与实际变形情况一致, 试验后观察模型, 一级边坡处出现崩塌, 变形很大, 这也是该处锚杆上光栅数据变化剧烈的原因。一级坡面锚杆 FBG1 的断开, 导致下游的抗滑桩上面的两个 FBG 在该损坏时间点后没有数据记录。

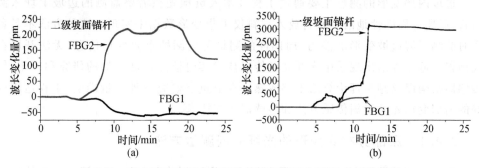

图 3-21　离心试验中两个坡面处的锚杆模型上 FBG 的变化情况

图 3-22 是抗滑桩模型上两个光纤光栅的应变测量结果,由于上游一级坡面锚杆上 FBG1 的损失,抗滑桩上的两个光栅只记录了整个试验前 12 min 的数据,但该时间段包含了离心力逐渐施加(4～10 min)的过程,100g 的离心力的保持时间只有 2 min。该时间段内,抗滑桩由于受到整个坡体土壤的侧向作用,表面出现一定的应变,其中靠近固定端处的 FBG2 出现了应变波动情况,这可能是在整个离心力施加时在模型岩石层上的抗滑桩固定处出现松动等情况导致的,而 FBG1 是呈逐步变大的趋势。

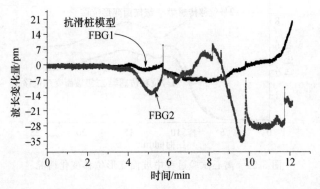

图 3-22　抗滑桩模型上的光纤光栅在离心过程中的波长变化情况

三级高边坡的离心力加速破坏试验得到的坡体变形以及内部锚杆等的变化信息,进一步明确了其失稳变形特征,为后续工程实际内部变形、锚杆应力以及坡面位移等的光纤光栅监测技术提供了理论和实践上的信息。光纤光栅传感技术在该试验中的良好测量结果也说明了光纤光栅的可行性和有效性,为以后光纤光栅传感在模型试验中更好地应用积累了经验。

3.4　高陡边坡内部变形测量方法及传感器技术

边坡内部变形的测量主要通过工程技术人员预先在需要监测的边坡上埋入测斜管,后期再周期性地沿测斜管放入测斜仪采集变形数据来实现。这种方法不具备实时监测了解边坡变形的能力,周期性的测量可能漏掉重要变形信息,无法开展在线预警。近年逐渐出现采用光纤光栅传感技术实时监测边坡变形的研究和应用,但传感器结构以及测量理论算法不够成熟。本节重点研究一种测量准确、工程适用性好的内部变形光纤光栅传感方法和传感器实施技术。

3.4.1　深部分布式变形的光纤光栅测量方法

边坡内部沿深度方向,对不同深度处的水平变形位移的测量关键是将坡体的位移形变转化为光纤光栅的波长漂移,根据已有的测斜管测量方法,将光纤光栅按照等间隔的距离布置于类似于测斜管的柔性变形杆上,利用杆随坡体弯曲变形产生的表面应变分布信息,来反推杆的变形信息,光纤光栅在线测量弯曲应变,就能对变形开展实时监控。

图 3-23 给出的是光纤光栅在柔性 PVC 杆上的布置阵列,以及在边坡工程中安装的示意。两个通道的光纤光栅阵列沿 PVC 杆周向间隔 180°布置,两通道沿坡体滑动方向布置。应该指出的是,该方法测量的是边坡沿坡面上下方向上的变形,而不能测量边坡左右方向上的变形,工程实际上边坡的滑坡变形均是沿坡面上下方向,没有左右方向上的滑动机制。当杆弯曲时,两个对称的通道处产生的是大小相等而符号相反的应变,对应的光纤光栅波长漂移也大小相等、方向反向,利用两个通道的光纤光栅的波长变化量的差值作为输出信号,一方面可以提高检测的灵敏度,另一方面,处于同一环境下的各个光纤光栅由温度变化带来的波长同向漂移,可以差值后消除掉,具备长期监测不受温度干扰的能力。

工程实际中,在边坡上实施钻孔,将柔性杆底部埋入坡体底部,甚至地平面下,可以看作是一个固定点。杆周围的空隙灌入砂浆,保证杆与边坡土质接触紧密。

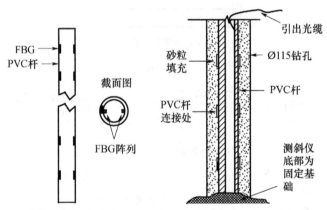

图 3-23　光纤光栅分布式位移测量方法及工程安装示意

3.4.2　应变-变形位移转化的梁单元分解法

将该测量方法的光纤光栅布置结构称为光纤光栅坡体内部变形传感器。光纤光栅坡体内部变形传感器柔性杆底端抵达边坡底部甚至位于路基水平面以下,底部发生变形位移的概率很低,因此,根据边坡变形特点经验,以及传感柔性杆的安装情况,将柔性管的底部视为固定端,即位移、应变为零。该光纤光栅传感的深部位移测量也是基于该前提实现。根据各个光纤光栅测点输出的应变数值来反推得出柔性杆的弯曲位移数值是深部位移测量的关键,与柔性杆所处的边坡内部整体土壤环境介质相比,PVC 柔性杆的刚度远远小于环境介质刚度,可以认为柔性管的变形反映的就是边坡不同深度的变形分布。将一整根布设有光纤光栅阵列的柔性杆分解为若干单元悬臂梁(图 3-24(a)),每个单元视为一个独立的悬臂梁结构,光纤光栅布设于梁的中点处,以杆最底端作为参考固定点。当杆受到外力作用产生弯曲变形时,根据布设的第一个光纤光栅感测到的应变变化来反推第一个单元梁自由端的挠度,再根据位移叠加原理,将第二个单元梁自由端的挠度通过相应公式叠加,得出第二个单元梁端部水平位移,后续的分解梁以此类推。该单元梁分解原理方法在图中 3-24 做出了详细的讲解。

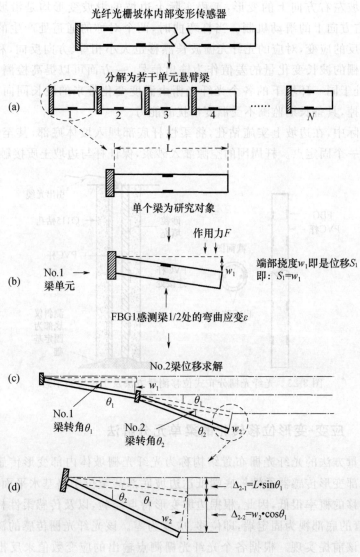

图 3-24   光纤光栅坡体内部位移测量梁单元分解法求解原理

光纤光栅柔性杆埋设于边坡内部时,其根部位于地平面以下,可以看作固定端,根据材料力学相关知识,容易推导出一端固定梁在弯曲时,自由端的挠度位移与梁中间处表面应变之间的关系式,推导过程如下。

距离固定端 x 处的表面应力 σ_x 表达式为

$$\sigma_x = \frac{F(L-x)R}{I_y}$$

式中,L 为梁的长度;R 为梁表面到中性层的距离,此处即为测斜管的半径;I_y 为梁的惯性矩。

因此应变表达式为

$$\varepsilon_x = \frac{F(L-x)R}{EI_y}$$

梁中间处应变,即 $x=L/2$ 时,

$$\varepsilon_{L/2} = \frac{F(L-L/2)R}{EI_y} = \frac{FLR}{2EI_y}$$

可得

$$\frac{F}{EI_y} = \frac{2\varepsilon_{L/2}}{LR} \tag{3-12}$$

梁上距离固定端 x 处的挠度的二阶导为

$$\omega_x'' = \frac{F(L-x)}{EI_y}$$

通过一次积分得出梁转角 θ_x 的表达式:

$$\theta_x = \omega_x' = \int \frac{F(L-x)}{EI_y}\mathrm{d}x + C_1$$

两次积分得出挠度 w_x 表达式为

$$w_x = \iint \frac{F(L-x)}{EI_y}\mathrm{d}x\mathrm{d}x + C_1 x + C_2$$

梁固定端即 $x=0$ 时,$\theta_x=0$,$w_x=0$,代入二者的上述表达式,可以得出 $C_1=C_2=0$,可得

$$\omega_x = \frac{F}{EI_y}\left(\frac{Lx^2}{2} - \frac{x^3}{6}\right)$$

所以梁自由端挠度 $\omega_{\max}$,即 $x=L$ 时表达式为

$$\omega_{\max} = \frac{F}{EI_y}\left(\frac{Lx^2}{2} - \frac{x^3}{6}\right) = \frac{FL^3}{3EI_y} \tag{3-13}$$

将式(3-12)中的 F/EI_y 代入式(3-13)即可得出梁中间处应变与自由端挠度(即第一个光纤光栅测量得出的位移点 S_1)之间的关系式:

$$S_1 = \omega_{\max} = \frac{2L^2}{3R_1} \cdot \varepsilon_{L/2} \tag{3-14}$$

由材料力学相关知识可知,梁的端部转角公式为

$$\theta = \frac{FL^2}{2EI_y} \tag{3-15}$$

将式(3-12)中的 F/EI_y 代入式(3-15)就可以得到单元梁的端部转角和光纤光栅测点应变直接的关系：

$$\theta = \frac{L}{R} \cdot \varepsilon_{L/2} \tag{3-16}$$

由式(3-14)和式(3-16)可以看出，单元梁的端部挠度位移和转角只由梁中点处的光纤光栅的应变测量值有关，可以根据各个光纤光栅测点得到的应变信息计算出每一个单元梁的挠度位移量和转角，将单个梁的挠度位移以及转角得出后，再将 $S_n = S_{n-1} + \Delta_{n-1} + \Delta_{n-2}$ 推导出来，则有：

$S_1 = w_1$

$S_2 = S_1 + L\sin\theta_1 + w_2\cos\theta_1$

$S_3 = S_2 + L\sin(\theta_1 + \theta_2) + w_3\cos(\theta_1 + \theta_2)$

……

$S_n = S_{n-1} + L\sin(\theta_1 + \theta_2 + \cdots + \theta_{n-1}) + w_n\cos(\theta_1 + \theta_2 + \cdots + \theta_{n-1})$

即

$$S_n = S_{n-1} + L\sin\sum_{i=1}^{n-1}\theta_i + w_n\cos\sum_{i=1}^{n-1}\theta_i \tag{3-17}$$

对于本节中的光纤光栅测量阵列，光纤光栅的波长为 1500 nm，其对应变的灵敏度约为 1.17 pm/$\mu\varepsilon$，而两个通道的光纤光栅测点波长变化量差值 $\Delta\lambda = \Delta\lambda_{ch1} - \Delta\lambda_{ch2} = (\lambda_{ch1} - \lambda_{ch1-0}) - (\lambda_{ch2} - \lambda_{ch2-0})$ 是消除温度影响的差动表达式，其应变得出 $\Delta\mu\varepsilon$ 是公式中 $\varepsilon_{L/2}$ 的两倍，取 $\Delta\mu\varepsilon = \Delta\lambda/1.17$，由式(3-14)和式(3-16)可以得出单元梁的挠度和转角与光纤光栅波长变化量之间的变化关系，即

$$\omega_{端} = \frac{2L^2}{3R_1} \cdot \varepsilon_{L/2} = \frac{2L^2}{3D} \cdot \Delta\mu\varepsilon \cdot 10^{-6} = \frac{2L^2}{3D} \cdot \frac{\Delta\lambda}{1.17} \cdot 10^{-6} = \frac{0.5698L^2\Delta\lambda}{D} \cdot 10^{-6} \tag{3-18}$$

$$\theta = \frac{L}{R} \cdot \varepsilon_{L/2} = \frac{L}{D} \cdot \Delta\mu\varepsilon \cdot 10^{-6} = \frac{L\Delta\lambda}{1.17D} \cdot 10^{-6} \tag{3-19}$$

式中，D 是布置光纤光栅柔性杆的直径。

将光纤光栅测量得到的波长变化量差值信息代入式(3-18)和式(3-19)，再联合式(3-17)即可得到整个柔性杆的位移分布情况。

3.4.3　应变-变形位移转化的差分方程法

差分方程法反映的是离散数值变量的取值和其变化特征，建立单个或者多个离散变量数值适合的平衡关系，在此基础上建立方程模型。对于本节中的光纤光栅阵列柔性杆，其各个测点处位移变化可以看作连续的变量，连续变量可以利用离散变量近似或者逼近，这就相当于一个微分方程可以看作某个差分方程模型。

按照上述的光纤光栅深部位移测量原理，定义 $\Delta S_n = S_{n+1} - S_n$ 是 S_n 在 n 处的向前差分，$\Delta S_n = S_n - S_{n-1}$ 为 S_n 在 n 处的向后差分，再进一步定义 ΔS_n 在 n 处的二阶

差分 $\Delta(\Delta S_n) = \Delta^2 S_n$，表示位移增量的增量。距离柔性杆固定端 X 处的弯曲位移一阶差分方程为

$$\Delta S_x = \frac{S_{x+L} - S_x}{L} \tag{3-20}$$

二阶差分方程为

$$\Delta(\Delta S_x) = \frac{1}{L}\left(\frac{S_{x+2L} - S_{x+L}}{L} - \frac{S_{x+L} - S_x}{L}\right) = \frac{1}{L^2}(S_{x+2L} - 2S_{x+L} + S_x) \tag{3-21}$$

式(3-21)可以看作是位移的二阶微分方程。

由材料力学基本原理可知，曲率 k 与弯矩 M 之间的物理关系为

$$k = \frac{1}{\rho} = \frac{M}{EI} \tag{3-22}$$

式(3-22)是梁在弹性范围内纯弯曲情况下的曲率表达式。在横力弯曲时，梁截面上除弯矩外还有剪力，对于工程实际用到的柔性杆，其跨长远远大于界面高度的 10 倍，剪力对梁的位移影响很小，可略去不计，故该式仍然适用。但这时式中的 M 和 ρ 都是 x 的函数，即

$$k(x) = \frac{1}{\rho(x)} = \frac{M(x)}{EI} \tag{3-23}$$

从几何方面来看，平面曲线的曲率可写作

$$\frac{1}{\rho(x)} = \pm \frac{w''}{(1 + w''^2)^{3/2}} \tag{3-24}$$

式中，正负号与挠度以何种方向为正有关，此处默认为正值，将式(3-24)代入式(3-23)得

$$\frac{w''}{(1 + w''^2)^{3/2}} = \frac{M(x)}{EI} \tag{3-25}$$

梁的挠度曲线是一个平滑的曲线，而 w''^2 同 1 相比很小，可以将其忽略不计，故上式略去了剪力的影响，并在 $(1 + w''^2)^{3/2}$ 中略去了 w''^2 项，故称为梁的挠曲线近似微分方程。

对于本节中的柔性杆为等截面梁，其弯曲刚度 EI 为一常量，上式可改写为

$$EIw'' = M(x) \tag{3-26}$$

联系式(3-21)和式(3-26)可得

$$\Delta(\Delta S_x) = \frac{1}{L^2}(S_{x+2L} - 2S_{x+L} + S_x) = \frac{M_x}{EI} \tag{3-27}$$

而 $M_x R / EI = \varepsilon_x$，式(3-27)可以写为

$$\frac{1}{L^2}(S_{x+2L} - 2S_{x+L} + S_x) = \frac{\varepsilon_x}{R}$$

$$= \frac{2\Delta\varepsilon_x}{D} = \frac{(\Delta\lambda/1.17) \times 10^{-6}}{D} = \frac{0.855\Delta\lambda}{D} \times 10^{-6} \tag{3-28}$$

式中，$\Delta\lambda$ 为两个通道光纤光栅的波长变化量的差值；D 为两个光栅通道处柔性杆的

直径。

式(3-28)可以改写成以下矩阵形式:

$$
\frac{D}{0.855L^2 \times 10^{-6}}
\begin{bmatrix}
1 & -2 & 1 & 0 & \cdots & 0 \\
0 & 1 & & & & \vdots \\
\vdots & & \ddots & & & \vdots \\
\vdots & & & \ddots & & \vdots \\
\vdots & & & & \ddots & \vdots \\
0 & \cdots & 0 & 1 & -2 & 1
\end{bmatrix}
\begin{Bmatrix}
S_x \\
S_{x+L} \\
\vdots \\
\vdots \\
S_{x+(n+1)L}
\end{Bmatrix}
=
\begin{Bmatrix}
\Delta\lambda_1 \\
\Delta\lambda_2 \\
\vdots \\
\vdots \\
\Delta\lambda_n
\end{Bmatrix}
\quad (3\text{-}29)
$$

式中,S_x 和 S_{x+L} 为柔性杆固定端的位移;S_{x+iL} 中 i 从 2 变化到 $n+1$;n 是一个通道中光纤光栅阵列中光栅的数量,本公式中是从固定端部起第 2 个光纤光栅传感器开始计算其位移值;L 是相邻两个光纤光栅的距离,与上文梁单元求解法中的 L 相同;柔性杆的底端固定处视为 $x=0$ 处,由于柔性杆的底部位移是固定的,其位移视为 0,即 $S_0=0$;S_L 是固定端上的虚拟点的位移,其位移值同样是 0,因此矩阵中 S_x 和 S_{x+L} 均为 0。即矩阵(3-29)中系数矩阵前两项可以去除,可得

$$
\frac{D}{0.855L^2 \times 10^{-6}}
\begin{bmatrix}
1 & 0 & 0 & 0 & \cdots & 0 \\
-2 & 1 & & & & \vdots \\
\vdots & & \ddots & & & \vdots \\
\vdots & & & \ddots & & \vdots \\
\vdots & & & & \ddots & \vdots \\
0 & \cdots & 0 & 1 & -2 & 1
\end{bmatrix}
\begin{Bmatrix}
S_{2L} \\
S_{3L} \\
\vdots \\
\vdots \\
S_{(n+1)L}
\end{Bmatrix}
=
\begin{Bmatrix}
\Delta\lambda_1 \\
\Delta\lambda_2 \\
\vdots \\
\vdots \\
\Delta\lambda_n
\end{Bmatrix}
$$

将上述系数矩阵求逆并变换后,即可得出各个测点处的位移与测点光栅波长变化量之间的关系:

$$
\begin{bmatrix}
S_{2L} \\
S_{3L} \\
\vdots \\
\vdots \\
S_{(n+1)L}
\end{bmatrix}
=
\frac{0.855L^2 \times 10^{-6}}{D}
\begin{bmatrix}
1 & 0 & 0 & 0 & \cdots & 0 \\
-2 & 1 & & & & \vdots \\
\vdots & & \ddots & & & \vdots \\
\vdots & & & \ddots & & \vdots \\
\vdots & & & & \ddots & \vdots \\
0 & \cdots & 0 & 1 & -2 & 1
\end{bmatrix}^{-1}
\begin{Bmatrix}
\Delta\lambda_1 \\
\Delta\lambda_2 \\
\vdots \\
\vdots \\
\Delta\lambda_n
\end{Bmatrix}
\quad (3\text{-}30)
$$

3.4.4 两种测量理论的传感器模型实验验证

为了进一步验证两种理论算法的实际适用性,设计一长度为 2.4 m 的传感器柔性杆模型,图 3-25 是该模型的结构设计图。选用一长度为 2.4 m,外径为 32 mm 的 PPR 管作为柔性变形杆,沿杆周向间隔 180°刻制两条凹槽,凹槽深度约为 1.5 mm,用于埋设两个通道的光纤光栅阵列;PPR 管固定在一个专门设计的不锈钢金属架内,金属架底部有用于固定柔性杆的孔(图 3-26(b)),架子内的三个横梁上留有方形空间,该空间的宽度与柔性杆外径基本一致,柔性杆可以沿着该方形空间长度方向滑动弯曲,宽度方向

可以约束杆在该方向上的摆动,长度方向上空间较大,目的是使柔性杆在该方向上可以人为施加弯曲变形(图 3-26(c))。两个通道上的光纤光栅阵列中,每个阵列串接 10 个光纤光栅,两个通道上每个光栅逐一对应布置,每个光栅间隔约 24 cm。图 3-26(a)是该模型制作完毕后的照片,可以看到弯曲空间部分以及底部固定情况。图 3-26(d)是其中一个通道中 10 个光栅的光谱情况。

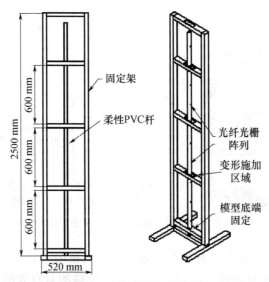

图 3-25　光纤光栅坡体内部变形传感器的缩小模型设计图

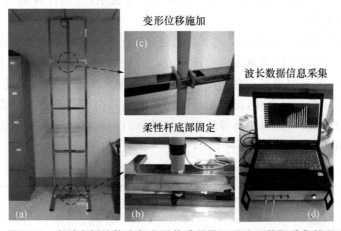

图 3-26　光纤光栅坡体内部变形传感器模型照片和数据采集情况

　　为该模型选择 3 种弯曲变形情况,如图 3-27 所示。竖立起来的模型不便于施加弯曲力以及读取变形数值,所以将该模型平放到地面上,对其施加不同方式的作用力使其弯曲变形。受实际位移测量条件的限制,只利用直尺测量每个需要测量点的位移(梁单元法中的梁端部位移、差分法中的光纤光栅处位移),测量精度为 1 mm。设定坐标轴,以柔性杆

高度方向为 Y 轴，杆底部固定端处为 0 点，X 轴为水平位移，正方向向下，即图 3-27(a)中杆向右方向。第一种变形模式为，直接在模型杆顶端施加一个 X 正方向的作用力 F；第二种变形模式为在杆端部施加一个 X 反方向的作用力 F_2，同时在杆中间部位施加一个 X 正方向的作用力 F_1；第三种变形模式为，在杆端部施加一个 X 正向力 F，但在距离杆固定端 60 cm，即 1/4 杆处施加固定约束，使该 1/4 段内不发生弯曲。

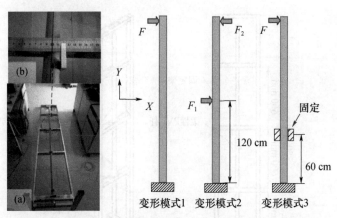

图 3-27　坡体内部变形传感器模型弯曲变形实验方法示意

　　试验过程中，先记录下弯曲变形前各个光纤光栅的波长值，施加弯曲变形稳定后再记录下各光纤光栅的波长值，并记录下各个位移测量点处的变形位移直尺测量值。将变形前后的波长变化情况代入两种计算方法中，分别计算得出位移，并与实际测量值实施对比。

　　表 3-2 给出的是三种变形模式下单元梁分解法推算得出的每个单元梁端部在 X 方向上的位移，以及实际测量得到的位移值。图 3-28 是三种变形模式下的测量值和推算值对比图，由表中数据和对比图，可以得出该单元梁求解法结果能够有效地、准确地反映出实际的位移变化，出现的数值误差可能是由于杆布置光纤光栅的凹处的外径、相邻光纤光栅的间隔距离等结构差别导致的。该试验结果说明了提出的方法的合理和实用性。

表 3-2　单元梁分解法得到的模型变形试验结果　　　　　　　　　单位：mm

	高度	0	24	48	72	96	120	144	168	192	216	240
变形模式 1	实测值	0	1	4	10	16	25	34	43	52	64	75
	推算值	0	1.53	5.21	10.84	18.2	26.9	36.7	47.1	57.9	68.9	79.9
变形模式 2	实测值	0	1	4	8	9	8	3	−1	−6	−13	−22
	推算值	0	1.64	4.76	7.87	9.5	8.2		−3.4	−9.5	−15.5	−24.1
变形模式 3	实测值	0	−1		1	4	10	18	32	44	57	69
	推算值	0	−0.16	0.13	2.01	6.1	12.4	20.5	30.2	41.3	53.1	65.2

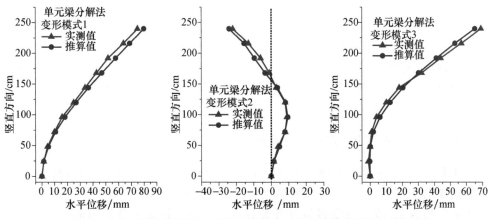

图 3-28　单元梁分解法得出的传感器模型三种变形模式下的位移结果

　　表 3-3 是利用差分方程法推导得出各个光栅测点处的位移结果以及实际测量位移结果，图 3-29 是根据表 3-3 中数据绘制的试验结果对比情况，可以看出，差分方程法得出的位移结果可以基本反映杆的弯曲位移分布。

表 3-3　差分方程法得到的模型变形试验结果　　　　单位：mm

	高度	0	36	60	84	108	132	156	180	204	228	250
变形 模式 1	实测值	0	3	5	11	18	27	36	47	55	69	80
	推算值	0	2.41	7.01	13.6	21.9	31.6	42.1	53.3	64.8	76.5	88.0
变形 模式 2	实测值	0	1	5	7	8	5	1	−4	−9	−16	−25
	推算值	0	2.5	6.2	9.3	10.4	7.8	1.8	−6.3	−15.1	−23.8	−32.6
变形 模式 3	实测值	0	0	0	2	7	13	20	39	50	65	81
	推算值	0	−0.25	0.32	3.06	8.15	15.43	24.6	35.4	47.4	60.2	72.9

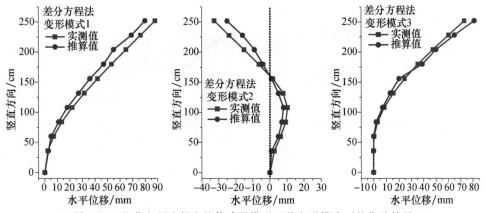

图 3-29　差分方程法得出的传感器模型三种变形模式下的位移结果

观察表 3-2 和表 3-3 中单元梁法得出的实际位移和推算位移结果,以及其数据绘制的对比图,可以看出,两种方法都能根据光纤光栅测量的应变分布推导出柔性杆弯曲的水平位移分布,但单元梁分解法得出的试验推算结果与实际测量值更为接近,变形数值绝对误差更小,差分方程法需要布置更加密集的测点后才能更加理想地反映出变形趋势,因此在后续的工程现场中采用单元梁分解法实施边坡内部变形的在线监测。

3.4.5 工程实际传感器的设计

工程实际中,内部变形测量需要埋入的柔性杆长度达 10 m、20 m,甚至更深,光纤光栅的布置、光信号的连接传输方法以及柔性杆的结构特点等因素,对传感器的工程应用效果、施工的便利与否等有着直接影响。根据上节提出的柔性杆监测方法,结合工程实际,本节设计了两种结构方式的光纤光栅坡体内部位移传感器。第一种采用“双层管”结构,如图 3-30 所示,即由 PVC 外管(测斜管)和 PPR 内管组成,光纤光栅布置在内管上,内管可以自由塞入、拔出外管内。工程中边坡测量深度可能为十几米或几十米,将 PPR 内管按照光纤光栅测点间隔距离的要求进行分段,每段之间采用连接器螺纹紧密连接。由于每一小段的内管上均有光纤光栅,不同小段之间的光纤光栅信号串接采用活动的法兰盘连接。外管采用的即是现有的测斜管,该产品技术成熟,易于采购。工程安装时,在边坡平台上的钻孔中,先将外管测斜管一段一段连接埋入,应注意埋设过程中不能使沙砾、土壤掉入管内,这些异物可能会导致内管无法顺利安装。内管安装时一段一段逐渐连接放入外管,应该注意内管上光纤光栅的安装方向与坡面上下方向一致,否则无法正常工作。不同内管之间的光栅端头跳线,采用法兰盘连接时应该注意事先清洁和连接后胶带密封。

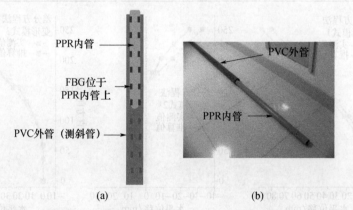

(a)　　　　　　　　　　　　(b)

图 3-30　“双层管”结构的光纤光栅坡体内部位移传感器示意(a)和照片(b)

该结构具备下述优点:光纤光栅位于内管上,不与外部的混凝土灌浆接触,可以得到很好的保护;内管可以抽出,若出现损坏故障,便于取出维修更换。但该结构也有很多缺点,比如布置在每小段内管上的光纤光栅之间的连接采用的是活动法兰盘,光信号损耗大,容易丢失信号,且环境颗粒杂质易进入法兰内,堵塞光信号传输;两个套管分别安装,程度烦琐,安装内管期间还要现场连接光纤信号,操作不便。

经过现场的安装使用检验,"双层管"结构的传感器工程实施技术不够便利化,不利于现场安装以及后续的信号稳定:一方面,双层管的每一小段 PVC 外管长度就达 2 m,两段之间连接时,需要约束其顶部防止过大弯曲,人工需要在现场搭建支撑架子等辅助安装设施;另一方面,法兰盘连接的光栅信号不够稳定,易损失光信号,可靠性不能满足工程监测要求。

根据上述工程经验,本节提出了另外一种结构的传感器——弯曲传感器结构方法。图 3-31 是弯曲传感器结构方法示意及照片。该结构的特点是,仅使用上述"双层管"结构中的 PVC 外管——测斜管,将 FBG 布置在测斜管连接用的连接头部分上,还是利用测斜管的变形弯曲带动连接头处的波长变化。我们称连接头上布置 FBG 的这种结构为"光纤光栅弯曲传感器"。不同连接头之间的 FBG 使用强度较大的光缆在安装前就连接好,现场安装时,只需将测斜管分段套入光纤光栅弯曲传感器上并用螺钉固定。安装完毕后,光栅、光缆均布置于测斜管内部,不与混凝土灌浆接触,利于其保护,恶劣环境下的存活能力更强;不同光栅直接采用光缆熔接,克服了法兰活动连接带来的信号损耗缺陷。

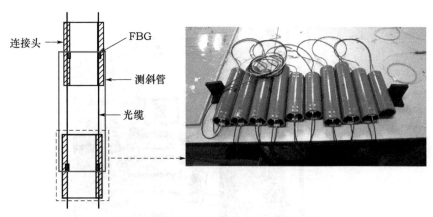

图 3-31　弯曲传感器结构方法示意和照片

不同弯曲传感器与测斜管的连接采用的是螺钉紧定方式,弯曲传感器外壁与测斜管内壁之间会存在缝隙,而该缝隙会吸收一部分整根测斜管的弯曲位移,使测量存在误差。在实际的工程实施中,采用高强度 PVC 胶黏剂对连接缝隙进行黏接固定,使连接成功后的全部测斜管是一个整体,弯曲位移测量更精确。图 3-32 给出的是在放入坡体钻孔前弯曲传感器与测斜管螺钉连接后再灌注胶黏剂的情况。

图 3-32 光纤光栅弯曲传感器与测斜管螺钉连接并注胶固定

在室内制作并组装成一个完整的传感器,对其开展不同的弯曲测试和温度补偿效果测试。图 3-33 是组装完毕后的传感器竖直放置于楼梯间时的情况。该室内试验传感器长 16 m,共 8 段测斜管,每小段测斜管长 2 m,即两个光纤光栅弯曲传感器之间的距离为 2 m,共 7 个光纤光栅弯曲传感器。由于组装完毕的传感器很长,没有边坡中的钻孔环境,无法给予传感器一个真实的工作环境,传感器底部和顶部都采用的是绳索绑紧,与真实的环境不同,在后续的弯曲变形测试中,只观察各种弯曲情况下光纤光栅波长的响应情况,没有将波长得出的应变数据转换为位移。室内组装熟悉传感器组装过程,可以及时发现组装过程中的问题,为现场的顺利安装打下基础。

图 3-33 弯曲传感器结构的光纤光栅坡体内部位移传感器及其室内试验情况

对组装完毕后的光纤光栅内部变形传感器实施两种变形测试,主要观测光纤光栅是否能够对传感器的弯曲做出有效的响应。图 3-34 是采用的第 1 种弯曲变形模式的结果。其中,(a)图是设定的坐标轴情况,取光纤光栅通道 1(CH1)向通道 2(CH2)方向为 X 正向,Y 轴沿传感器高度方向,以传感器顶部为 Y 轴 0 点。首先是对第 4 个光纤光栅弯曲传感器处施加位移载荷,施加位移前先记录下传感器所有光栅的波长值,作为初始状态值,后面弯曲后的波长值就是在该初始值的基础上开展的数据处理。分别施加 3、6、9 mm 的位移,每个位移点处均保持位移不变,直至各个光栅的波长值稳定后,记录下各个光纤光栅的波长数据。(b)图给出的是两个通道的光纤光栅在三个位移施加下的波长变化量情况,可以看出,通道 1 产生的是负应变,且位移越大,波长变化越大;通道 2 光栅是正应变,同样位移越大,波长变化越大,位移最大处的第四个弯曲传感器上的光栅波长波动最明显,这些均与实际情况相符合。(c)图给出的是通道 2 的光栅波长变化量减去通道 1 的光栅波长变化量后的情况,可以看出,在外界位移作用下,光纤光栅阵列有很好的波长反应。图 3-35 给出的是另外一种稍微复杂的变形模式试验结果,光纤光栅阵列同样展示了很好的波长响应。试验数据采集过程中,未发现光栅的啁啾、信号丢失等现象,说明了传感器的良好适用性。

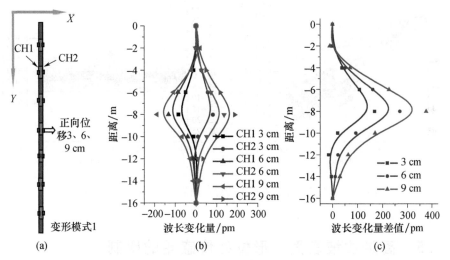

图 3-34　光纤光栅内部变形传感器的变形模式 1 试验情况及 FBG 测量结果

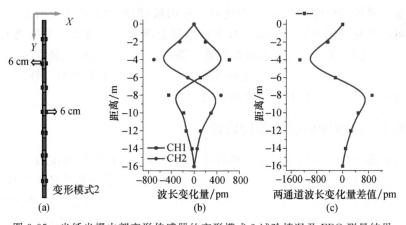

图 3-35　光纤光栅内部变形传感器的变形模式 2 试验情况及 FBG 测量结果

光纤光栅内部变形传感器工作时,长期埋设于坡体内部,一年四季的温度变化很大,因此传感器应该具备良好的温度补偿能力,否则可能会导致测量结果的偏差。对上述室内组装好的传感器开展温度实时监测,从晚上 8 点开始记录所有光栅的波长直至次日早上 8 时,总共 12 h,图 3-36(a)给出的是实时记录下该时间段内两个通道共 14 个光栅的波长变化情况,可以看出,光栅的波长减小量为 30～100 pm,明显是由于夜晚环境温度不断下降。将两个通道互相对应光栅的波长变化量相减,得出的即是该传感器的输出信号。(b)图是对应光栅差值的波长值变化量情况,可以看出,该差值集中在 0 值附近,温度产生的波长漂移得到了很好的差值补偿,其中最大值不超过 12 pm,最小值未超出 −8 pm,与弯曲变形中光栅波长漂移相比,变化范围很小,可以认为该传感器具备良好的温度补偿能力。

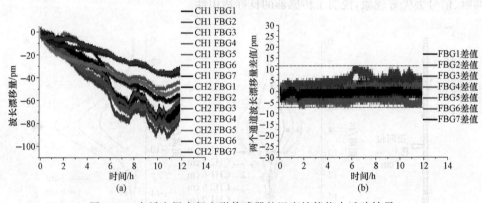

图 3-36 光纤光栅内部变形传感器的温度补偿能力试验结果

3.5 高陡边坡表面变形位移传感器的研制

边坡有滑坡趋势时,其坡面会有变形位移积累;即使边坡内部没有变形的情况,表面也可能出现崩塌落石,因此,边坡表面位移监测是整个边坡稳定监测的重要组成部分。目前国内关于光纤光栅坡面位移监测的研究及工程应用报道很少,暂没有成熟的专门用于坡面位移监测的光纤光栅传感器。本节主要介绍一种用于边坡坡面位移监测的光纤光栅位移传感器的研制。

3.5.1 位移传感器的结构设计

边坡坡面位移长期监测要求传感器具备精确度高、量程大、温度自补偿、位移测量伸缩往复性好等特点。图 3-37 是提出的光纤光栅位移传感器的基本结构,主要包括基座、楔形滑块、拉杆、弹簧、应变测量 FBG1 及等强度悬臂梁 1、温度补偿 FBG2 及悬臂梁 2,以及应变测量悬臂梁与滑块之间的接触顶针。传感器的位移传感原理如下：拉杆与外界位移测量体连接，有位移产生时，拉杆带动楔形滑块向右滑动，滑块倾斜面接触梁 1 的顶针并带来梁的弯曲，黏贴在梁上的光纤光栅 1 感知梁表面的弯曲应变，利用光纤光栅的波长变化来推知外界位移的变化情况，FBG2 固定于悬臂梁 2 上，该梁悬空不受位移作用，目的是使 FBG2 与 FBG1 相处于相同的环境中，随温度变化一起漂移，起到温度补偿作用。

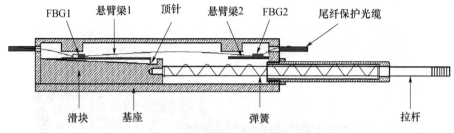

图 3-37　光纤光栅位移传感器结构原理

假设外界位移量为 S，楔形滑块的斜面倾角为 θ，由于拉杆的位移 S 引起滑块前进，进而带来顶针上下位移，即悬臂梁 1 自由端的挠度 W 为

$$W = S \times \tan\theta \qquad (3\text{-}31)$$

等强度悬臂梁 1 的表面弯曲应变 ε 表达式为

$$\varepsilon = \frac{6L}{Ebh^2} \times F \qquad (3\text{-}32)$$

式中，L 为梁的长度；b 是等强度悬臂梁固定于底端的宽度；h 是梁的厚度；E 是梁的杨氏模量；F 为顶针给其自由端的作用力。

等强度悬臂梁 1 自由端的挠度 W 与其所受外界作用力直接的关系为

$$W = \frac{6L^3}{Ebh^3} \times F \qquad (3\text{-}33)$$

由式（3-31）～式（3-33）可以得出悬臂梁 1 的表面应变与外界位移之间的关系：

$$\varepsilon = \frac{h}{L^2}\tan\theta \times S \qquad (3\text{-}34)$$

而布置在悬臂梁 1 上的 FBG1 的波长变化与梁表面应变的直接关系为

$$\frac{\Delta\lambda_1}{\lambda_1} = (1 - P_e)\varepsilon \qquad (3\text{-}35)$$

式中，P_e 为光纤的弹光系数。

考虑温度补偿光栅 FBG2、FBG1 的波长漂移受温度和位移两个因素共同作用，其由位移作用引起的波长漂移为 $\Delta\lambda_1 - k\Delta\lambda_2$。其中，$k$ 为 FBG1 和 FBG2 对外界相同的环境温度变化引起的波长漂移灵敏度的比值，需要对传感器进行温度测试标定后才能精确得出。考虑温度补偿后的 FBG1 波长漂移与外界位移之间的测量关系式可以推导为

$$S=\varepsilon\frac{L^2}{h\tan\theta}=\frac{\Delta\lambda_1-k\Delta\lambda_2}{\lambda_1(1-P_e)}\times\frac{L^2}{h\tan\theta}=\frac{L^2}{\lambda_1 h\tan\theta(1-P_e)}\times(\Delta\lambda_1-k\Delta\lambda_2) \quad (3\text{-}36)$$

式(3-36)中,当滑块、悬臂梁 1 的参数已定时,两个光纤光栅对环境的温度灵敏度也为线性关系,可以得出 FBG1 的波长漂移量与外界测量位移之间是呈线性关系的,该式就是光纤光栅位移传感器的测量原理。图 3-38 是根据上述原理制造的光纤光栅位移传感器,其中量程选择为 100 mm。

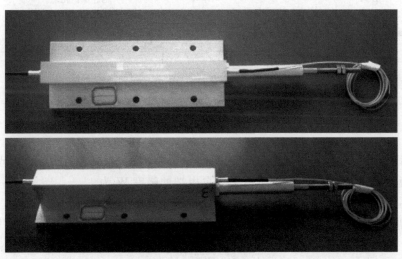

图 3-38　光纤光栅位移传感器照片

3.5.2　性能测试

对上述结构的光纤光栅位移传感器的位移测量、温度补偿特征等做测试。首先做温度测试,由于应变测量光栅 FBG1 与温度补偿光栅 FBG2 的黏贴方法等存在差异,其温度灵敏度会有差异,选择室温 21 ℃、40 ℃和 60 ℃三个温度点,将传感器置入恒温箱中并在各个温度点稳定后记录下两个光栅的波长值。图 3-39(a)给出的是三个温度点下两个光纤光栅的波长变化量及其线性拟合情况,可以看出两个光纤光栅的波长变化对温度的响应灵敏度是不同的,FBG1 与 FBG2 的比值 k 为 33.108/19.762=1.6753,该 k 值即是式(3-36)中的 k 值。在传感器的位移测量性能测试中,选取 20、40、60 和 80 mm 四个位移点。由于试验过程中室温保持不变,只需记录下每个位移点施加处的 FBG1 的波长变化情况,图 3-39(b)给出三次位移测试重复试验中 FBG1 在位移载荷的加载和卸载过程中的波长变化量情况,可以看出,三次重复试验的六条曲线重复性和线性良好。图 3-39(c)是六条曲线的算术平均值的线性拟合情况(R 为拟合度),该拟合得到的灵敏度即是应变测量光栅 FBG1 对外界位移的响应灵敏度,可以得出,该传感器的灵敏度为 15.34 pm/mm。

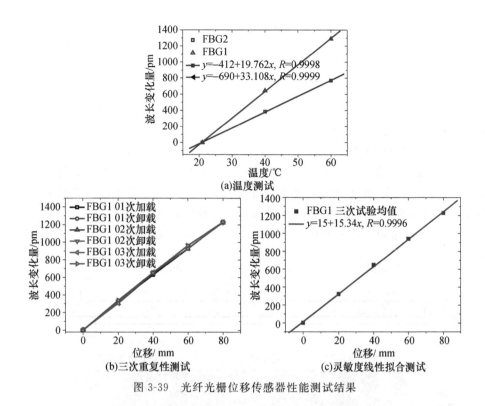

图 3-39　光纤光栅位移传感器性能测试结果

3.6　高陡边坡变形锚杆固力监测传感器的研制

锚杆是岩土锚固技术中使用的主要技术构件之一,其通过钢筋与锚固段砂浆体之间的黏接力来传递载荷,将坡体表面的护坡框架结构与坡体内部连接为一体,达到加固整个边坡的作用。边坡中的加固锚杆在边坡施工以及完工后的锚固力变化情况是锚固效果的直接反应,是判断坡体内部结构稳定与否的重要信息,因此,开展锚杆的长期应力变化监测具有重要意义。

3.6.1　传统的光纤光栅锚杆测力方法

国内外关于锚杆应力应变测量的研究很多,从机械式、振弦式到光纤传感类,监测手段和方法创新不断。国内基于光纤光栅技术的锚杆应力实时监测开展的时间并不长,基本上都在 2005 年以后,且实施的技术路线均是使用胶黏剂将光纤光栅固定于锚杆表面,具体的工艺特点如下:

(1)在工程现场或附近选择操作地址:由于锚杆计最终需要安装到工程边坡上,在距离工程现场太远的地方开展光纤光栅锚杆计的制作必然会存在长途运输的问题,而运输途中的弯曲、摆动等情况极易损坏黏贴在锚杆表面的光纤光栅。

（2）黏贴前的准备：锚杆表面需要打磨光滑平整并清洁后才能黏贴光纤光栅,而这些操作均需要在工程现场完成,工地上的尘土、粉灰等难以避免会给光栅的黏贴带来不利影响。

（3）黏贴布置完毕后,还需要现场对不同的光纤光栅布点进行信号串接、外围保护、等待胶黏剂凝固等,不利于工程实施。

（4）制作完毕的锚杆计无法开展标定等试验,一般锚杆的长度在几米甚至十几米,无法将其放在实验室开展拉力测试等,黏贴上的光纤光栅是否牢固等也无法测试。后续的监测中,要想知道边坡内部土壤锚固力的变化,只能根据光纤光栅测量得出的锚杆应变以及锚杆杨氏模量、截面积等参数反推,误差较大。

图 3-40 给出的是传统光纤光栅锚杆测力计结构及制作情况。

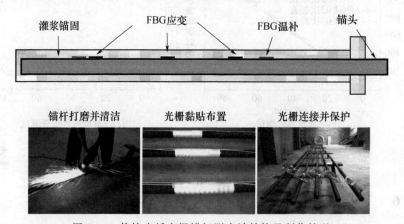

图 3-40　传统光纤光栅锚杆测力计结构及制作情况

3.6.2　新型光纤光栅锚杆测力计的研制

鉴于传统光纤光栅锚杆监测方法操作上存在的不足和不便,本节采取了另外一种技术路线,使光纤光栅锚杆测力计具备从制作到测试、施工等过程中操作便利、可测试性能等特点。图 3-41(a) 给出的是新型锚杆测力计的设计结构,主要由中间的应变测量体、两端的套筒组成,应变测量体表面刻有布设光纤光栅的凹槽,凹槽两端设计有尾纤出线保护器,采用铠装光缆外壳,两端的套筒与应变测量体之间采用可拆卸的螺纹连接,套筒外端与锚杆之间需要焊接固定。应变测量体与两个套筒装配后长度为 290 mm,套筒处外径最大,直径为 45 mm。该光纤光栅锚杆测力计与工程锚杆脱离,可以在实验室操作布设光纤光栅、测试等。

实际安装时,根据一根锚杆上需要安装的测力计点数,需要将锚杆裁断,将每小段锚杆先与套筒焊接上。由于焊接产生的高温可能会导致应变测量体上的光纤光栅损坏,因此,锚杆与套筒焊接冷却后,再通过螺纹连接与应变测量体安装,工程实际中还需要布设温度补偿传感器。如此一来，该新型锚杆测力计的机械加工、清洗、光纤光栅布置等工作才可以在实验室完成，且可以在拉伸试验机上开展标定测试工作，以及和温度补偿传感器一起开展温度测试工作，使以后现场监测得到的数据更加准确。图 3-42 给出的是加工并制作完毕的光纤光栅锚杆测力计照片。

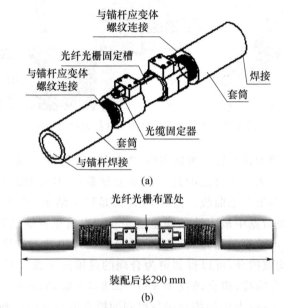

(a)

(b)

图 3-41　新型光纤光栅锚杆测力计结构设计(a)及效果图(b)

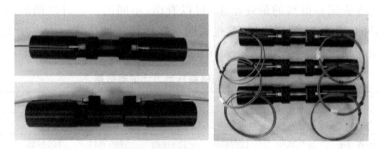

图 3-42　制作完毕后的光纤光栅锚杆测力计照片

对制造完毕后的光纤光栅锚杆测力计开展拉力测试标定。由于加工误差以及光纤光栅的黏贴会产生应变传递等，每一个锚杆测力计的应变灵敏度可能不同，必须经过逐一测试标定后，应用到工程上才能得到准确有效的监测数据。图 3-43 是试验开展情况照片。拉伸测试采用的是万能拉伸试验机，根据锚杆应变体两端的螺纹设计加工了匹配的夹具。拉伸实验分为预拉伸和正式拉伸阶段，预拉伸中，对测力计均匀加载至 26 kN，保持载荷 5 s 后再均匀卸载至 0 kN。随后以 5 kN 为步长，逐点施加载荷，最大 25 kN，再逐点卸载至 0 kN，在每个载荷处均记录下光纤光栅的波长值,按上述方法重复实验三次。

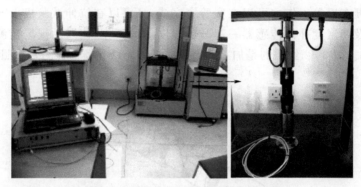

图 3-43　光纤光栅锚杆测力计拉力测试情况

　　共有六个锚杆测力计开展了测试实验,选取其中一个编号为 2 号的锚杆测力计做出具体数据介绍。表 3-4 给出的是三次重复试验,2 号加载卸载波长数据情况。根据该试验数据绘制出 6 条曲线。图 3-44 左图是试验结果,可以看出,三次试验的重复性良好,六次载荷点中最大波长误差值 7 pm,占满量程输出数值的 4.3%。该锚杆测力计的拉力灵敏度是通过将三次试验得到的六组数据的算术平均值的线性拟合得出的,通过均值拟合,可以得到更为合理的灵敏度参数。图 3-44 右图是六组数据均值的线性拟合曲线,拟合函数为 $y = -2.833 + 6.533x$,$R = 0.99952$,可以得出其灵敏度为 6.533 pm/kN,该拟合函数得到的拟合值与试验得到的算术平均值之间最大相差 3.16 pm,约占满量程输出的 1.97%。表 3-5 是六个光纤光栅锚杆测力计按照上述方法试验得到的最终结果,可以看出,不同的锚杆计之间的灵敏度还是有一定差异的,因此,需要逐一标定,也说明了按照传统的锚杆测力方法无法开展标定测试就应用到工程实际中测量误差是很大的。

表 3-4　光纤光栅锚杆测力计试验数据

		载荷/kN					
		0	5	10	15	20	25
01 次	加载/pm	1293820	1293850	1293882	1293915	1293948	1293983
	变化量/pm	0	30	62	95	128	163
	卸载/pm	1293820	1293849	1293882	1293914	1293950	1293983
	变化量/pm		29	62	94	130	163
02 次	加载/pm	1293820	1293848	1293880	1293914	1293948	1293982
	变化量/pm	0	28	60	94	128	162
	卸载/pm	1293819	1293845	1293880	1293916	1293951	1293982
	变化量/pm	−1	25	60	96	131	162

续表

		载荷/kN					
		0	5	10	15	20	25
03 次	加载/pm	1293819	1293844	1293881	1293910	1293944	1293976
	变化量/pm	-1	24	61	90	124	156
	卸载/pm	1293817	1293844	1293877	1293911	1293948	1293976
	变化量/pm	-3	24	57	91	128	156

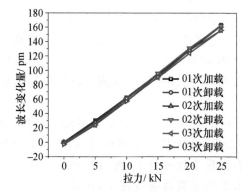 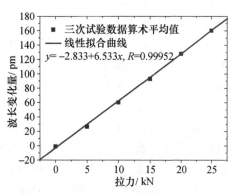

图 3-44　光纤光栅锚杆测力计三次重复试验结果及均值拟合情况

表 3-5　六个光纤光栅锚杆测力计测试结果

锚杆序号	拟合曲线	拟合度	灵敏度	重复性误差	拟合误差
1	$y=0.9524+5.5438x$	0.99974	5.5438	6.40%	1.38%
2	$y=-2.833+6.533x$	0.99952	6.533	4.30%	1.97%
3	$y=5.349+6.941x$	0.99823	6.941	4.58%	3.75%
4	$y=0.6667+5.3467x$	0.99965	5.3467	3.70%	1.56%
5	$y=0.8676+5.7126x$	0.99961	5.3467	4.20%	1.52%
6	$y=1.3127+5.6781x$	0.99992	5.3467	4.03%	1.16%

第4章 基于机器视觉技术的 管道缺陷自动识别

石油、天然气、水等资源运输的最主要方式是管道运输。管道的损坏主要是由于管道本体结构及其材料等的缺陷与损伤,出现包括裂纹、腐蚀、穿孔、爆管等,不仅会造成重大的直接或间接的经济损失,而且会造成严重的环境污染。基于机器视觉技术的管道检测方法是针对运输管道的方便有效检测方法之一,且随着人工智能的飞速发展,机器视觉技术水平得到大幅度提升,其在管道缺陷检测领域的应用已成为当前研究热点之一。

在真实复杂恶劣的工程应用环境下,管道缺陷检测往往面临诸多挑战,例如存在缺陷成像与背景差异小、对比度低,缺陷尺度变化大且类型多样,缺陷图像中存在大量噪声,甚至缺陷在自然环境下成像存在大量干扰等情形,此时经典方法往往显得束手无策,难以取得较好的检测效果。本章基于机器视觉技术,针对管道缺陷检测任务需求,围绕管道缺陷图像处理、缺陷特征提取与统计学习、基于深度学习的缺陷识别三个层面开展分析与研究,由浅及深探究机器视觉与人工智能在管道缺陷检测方面的应用,以提升管道检测智能化水平。

4.1 机器视觉技术概述

4.1.1 机器视觉技术基本原理及特点

机器视觉就是将视觉感知赋予机器,使机器具有和人类视觉系统类似的场景感知能力,从而代替人眼来做测量和判断。机器视觉系统通过图像采集装置将待检测对象转换成图像信号,传送给专用的图像处理系统;图像处理系统将图像的像素分布、亮度、颜色等信息,转变成数字化信号,然后对信号进行特征提取等操作;最后根据目标的特征进行识别判别,通过判别结果来控制现场的设备执行处理动作。在一些不适合人工作业的危险工作环境或人工视觉难以满足要求的场合,常用机器视觉来替代人工视觉。这样不仅可大大提高生产作业效率、操作质量和自动化程度,而且机器视觉易于实现信息集成,是实现计算机集成制造的基础技术。机器视觉系统的组成如图 4-1 所示。

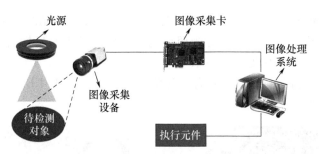

图 4-1 机器视觉系统的组成

(1)机器视觉系统的组成及作用

①图像采集设备。机器视觉系统的核心是图像采集,系统中所有信息均源自图像,图像本身的质量对整个系统极为关键,因此,要求采集设备具有高图像稳定性、高传输能力和高抗干扰能力等。目前图像采集设备多以相机为主,相机大多是基于CCD(charge coupled device)或 CMOS(complementary metal oxide semiconductor)芯片的相机。其中,CCD 是目前机器视觉最为常用的图像传感器。用相机拍摄时,物体反射的光线通过相机的镜头透射到 CCD 上。当 CCD 曝光后,感光元件产生电信号。CCD 控制芯片利用感光元件中的控制信号线路对光电二极管产生的电流进行控制,由电流传输电路输出,CCD 会将一次成像产生的电信号收集起来,统一输出到放大器。经过放大和滤波后的电信号被送到 A/D,由 A/D 将电信号(此时为模拟信号)转换为数字信号,数值的大小和电信号的强度即电压的高低成正比。不过单靠这些图像数据无法直接生成图像,还须经过数字信号处理器的处理。在数字信号处理器中,图像数据被进行色彩校正、白平衡处理等后期处理,编码为相机所支持的图像格式、分辨率等数据格式,最终生成图像数据。CCD 相机成像原理如图 4-2所示。

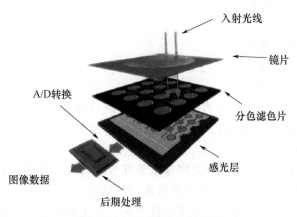

图 4-2 CCD 相机成像原理

②光源。光源是机器视觉系统中最为关键的部分之一,光源直接影响到图像的质量,进而影响到系统性能。良好光照环境可以使图像中的目标信息与背景分离,提升图像质量,降低图像处理的算法难度。理想的光源应该是明亮、均匀、稳定的,视觉系统使用的光源主要有三种:高频荧光灯、光纤卤素灯和 LED 光源。目前 LED 光源最常用,如图 4-3 所示。

图 4-3　LED 光源

③相机镜头。镜头是机器视觉系统的重要组件,对成像质量有着关键性的作用。常用的镜头包括定倍镜头、变焦镜头、远心镜头等。根据实际的应用选择合适的镜头,可以获得较高质量的图像,有利于视觉系统的开发。如何选择合适的镜头是机器视觉系统主要考虑的问题,可以根据成像的放大率和物距选择合适焦距的镜头。实际应用过程中相关参数的计算如下:

放大率:$m=h'/h=L'/L$

物距:$L=f(1+1/m)$

像距:$L'=f/(1+1/m)$

焦距:$f=L/(1+1/m)$

物高:$h=h'/m=h'(L-f)/f$

像高:$h'=hm=h(L-f)/f$

评价镜头质量一般会从分辨率、明锐度、景深以及像差进行判断。像差是影响镜头成像质量的重要方面。常见的像差包括以下六种:球面像差、彗形像差、像散、场曲、色差和畸变。

④图像采集卡。图像采集卡是图像采集部分和处理部分的连通器件,是一种可以获取数字图像信息,并将其存储或输出的硬件设备。

⑤图像处理系统。图像处理系统是机器视觉系统的核心之一,对图像数据进行分析,提取待检测对象特征,输出结果,同时控制执行终端做出相应的指令。图像识

别基本流程如图 4-4 所示。

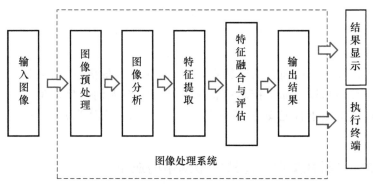

图 4-4　图像识别基本流程

⑥执行终端。执行终端是来自控制器的控制信息完成对受控对象的控制作用的元件。控制信息是根据机器视觉系统的检测结果,通过执行终端对检测目标执行相应操作的功能。

(2)机器视觉技术的特点

①非接触性

机器视觉技术在检测过程中不会接触到被检测目标,能够避免损坏或者在被检测目标上留下检测的痕迹,即对被检测物体不会造成任何的损害或改变。

②高敏感性

人眼只能直接看见可见光,其波长为 400 nm～760 nm,而机器视觉借助光电等方法不仅使可见光可视,紫外线(100 nm～400 nm)、红外线(760 nm～0.3 mm)、X光(0.001 nm～100 nm)等均可利用,拓宽机器视觉的可视范围,使其可以检测到人眼无法观察到的特征。

③高精度

机器视觉技术比人眼有更深入的分辨力,能够观察更加细微的细节。相机的像素深度有 8 位、10 位、12 位。8 位像素深度对应 0～255 级,而人眼最多只能分辨 40级左右,对裂纹缺陷来讲大概就是 0.1 mm 宽度以上肉眼可识别,机器视觉技术则可提高 10～100 倍以上。

④速度快

机器视觉结合计算机的高速计算能力和成像器件的高速响应能力,系统可以实现对大批量、高速运动物体的捕捉、识别、检测等,实现人眼无法达到的响应速度。

⑤连续性和稳定性

人眼在长时间工作后会出现疲劳症状,尤其是人体视觉在长时间工作后会出现实现模糊等症状。机器视觉系统可以长时间连续测量、识别和分析,长时间保持持续和稳定的工作状态,能消除因人的主观原因导致的检测不稳定性。

⑥高适应性

机器视觉可以根据不同的工况环境条件做不同的设计,尤其适合一些不利于人体的恶劣环境下工作,如高温、高湿、压力、粉尘、振动、电磁、易燃易爆、高危、高强度、高重复性等工况。

由于机器视觉系统拥有上述特点,可快速获取大量信息,而且易于自动处理,也易于同设计信息以及加工控制信息集成,因此,在人们的生产生活过程中,机器视觉系统广泛地用于智能安防、工业生产、自动驾驶、物体识别、人机交互、医学等领域。

4.1.2　机器视觉在管道缺陷检测中的应用

针对管道缺陷检测任务,通常采用的机器视觉方式主要为管道闭路电视摄像法(closed circuit television,CCTV)。其一般结合管道爬行机器人进行应用,是一种广泛使用的管道内部信息测绘及缺陷检测技术。基于 CCTV 视频图像的管道缺陷检测方案如图 4-5 所示,在 CCTV 管道机器人对管道缺陷的检测作业过程中,首先由作业人员通过控制器,控制机器人在管道内爬行,同时控制摄像头的旋转、变焦及灯光照明灯,使用闭路电视拍摄管道内部视频图像,并通过有线传输方式,将拍摄到的视频传入存储设备记录下来;同时视频每一帧记录管道地址、拍摄时间、机器人移动距离等信息。然后,对于作业拍摄到的管道内视频进行检测分析,判别管道中的缺陷,记录缺陷在管道中的位置及缺陷在视频中发生的时间等信息,并生成管道缺陷检测报告。

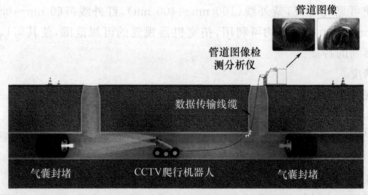

图 4-5　基于 CCTV 视频图像的管道缺陷检测方案示意图

此外,还可以采用 X 射线数字成像技术、管道漏磁检测技术获得管道缺陷图像。通过这两种方式在一定条件下呈现的管道缺陷特征更加明显(图 4-6),但存在检测成本高、实施效率低、有辐射伤害等缺点,可用于摄像机视觉难以检测的细小裂纹等结构性缺陷检测。

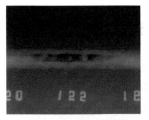
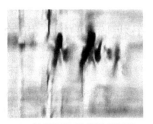

(a) 管道环焊缝X射线图像　　　　(b) 管道焊接处的漏磁图像

图 4-6　管道缺陷的 X 射线图像和漏磁图像

由于管道缺陷种类繁多、管道环境复杂,管道缺陷图像特征受光线、复杂背景等干扰,管道缺陷图像具有噪声多、图像灰度分布区间狭窄、管道缺陷区域的边缘模糊、部分缺陷特征与管体差异度小等特点。为实现管道缺陷的有效检测,本章将采用图像处理方法与人工智能理论,研究管道缺陷图像自动检测分析技术,提升管道缺陷的自动识别技术水平。

对比计算机视觉中明确的分类、检测和分割任务,缺陷检测的需求相对笼统。实际上,管道检测的需求可划分为三个不同的阶段:"缺陷是什么""缺陷在哪里"和"缺陷是多少"。第一阶段"缺陷是什么"对应计算机视觉中的分类任务,这一阶段的任务可以被称为"缺陷分类",仅仅给出图像的类别信息,如图 4-7 所示。第二阶段"缺陷在哪里"对应计算机视觉中的定位任务,这一阶段的缺陷定位才是严格意义上的检测,不仅获取图像中存在哪些类型的缺陷,而且也给出缺陷的具体位置,如图 4-8(a)将缺陷用矩形框标记出来。第三阶段"缺陷是多少"对应计算机视觉中的分割任务,如图 4-8(b)中缺陷分割的区域所示,将缺陷逐像素从背景中分割出来,并进一步得到缺陷轮廓区域。

(a) 裂纹　　　　　　(b) 焊接失效　　　　　　(c) 变形

图 4-7　常见管道缺陷分类

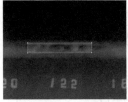
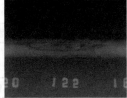

(a) 管道缺陷定位框标记　　(b) 管道缺陷像素级分割标记

图 4-8　管道缺陷图像检测结果标记示例

4.2　基于视频图像分析的管道结构缺陷检测

由于管道本身的特殊性以及外部环境的复杂性,管道裂缝产生的原因复杂多样性,根据 PACP(pipeline assessment and certification program)标准,管道结构性缺陷主要包括裂纹、接口缝、断裂、变形、孔洞、破损、腐蚀、焊接失效等。对石油、天然气等埋地管道结构性缺陷展开分析发现,其中的管道内壁裂纹和接口缝缺陷出现数量占到结构性缺陷的 80% 左右,因此针对这两种管道结构性缺陷展开研究具有重要的意义。

4.2.1　管道裂纹区域的提取

在利用机器视觉技术检测管道缺陷的过程中,由于视频图像信息的获取精度与硬件系统参数有着直接的联系,数据传输受到复杂管道背景以及设备存储速率等因素干扰,摄像头传感器将管道内光学信号经过一系列光电转换为图像信号,导致管道缺陷视频图像获取过程中夹杂着大量的环境噪声,直接导致原始管道缺陷图像信息噪声多、灰度区间集中于较小区间,管道缺陷区域边界不明显,微小缺陷特征信息不完整,这些不利因素会对管道缺陷区域进行图像方面的处理、分析和检测结果的准确性造成影响,检测系统采集到的原缺陷图像中掺杂多种环境噪声,管道裂纹缺陷边界由于光源系统曝光不足而模糊不清,管道背景较暗因而整幅图像灰度区域集中,因此对管道原始图像进行预处理的主要任务集中在这几方面,以尽可能消除不利因素的影响,需要对视频图像检测系统获取的原管道图像信息进行一系列计算机图像预处理操作。

图像预处理可有效降低和消除图像中的噪声,保留有用信息,提高背景和缺陷图像的对比度,提高计算效率,减少计算机图像处理工作量。缺陷图像检测最终目标是将无意义的管道背景与感兴趣的缺陷区域进行分离。一般的图像预处理流程是先对影响图像检测质量的图像噪声进行分析,针对图像噪声特点,采用不同的方法进行降噪处理,达到最佳效果。然而管道缺陷种类多,形状多变,因此,对缺陷图像进行局部增强,借助计算机图像仿真软件对管道缺陷图像进行运算处理,分析处理后的灰度直方图信息,最后利用图像二值化方法提取管道裂纹区域,将裂纹与背景分离。图像处理流程见图 4-9。

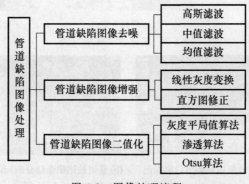

图 4-9　图像处理流程

管道裂纹图像二值化方法以渗透算法为例介绍如下。与常用的图像二值化方法,如 ISODATA 聚类算法、Otsu 算法、Maximum Entropy 算法相比,渗透算法效果更明显。渗透算法利用裂纹区域连通性、亮度变化、边缘信息等特征,通过灰度阈值判定当前种子像素点与周围领域点是否属于同一簇群。采用 256 灰度图像,设定黑色像素值 0,白色像素值 255。因此,与裂纹种子像素点亮度属于同一簇的像素点经过渗透被设置为 255,而不满足条件的被设置为 0,将疑似裂纹区域分离出来。渗透算法流程如图 4-10 所示。图中 $N \times N$ 表示当前窗口大小;$M \times M$ 表示最大窗口;p_s 表示当前窗口中心像素点;$I(p_s)$ 表示像素点亮度;T 表示亮度阈值;w 表示渗透加速参数;D_p 表示渗透区域;D_c 表示渗透区域 D_p 的邻域;D_b 表示背景。

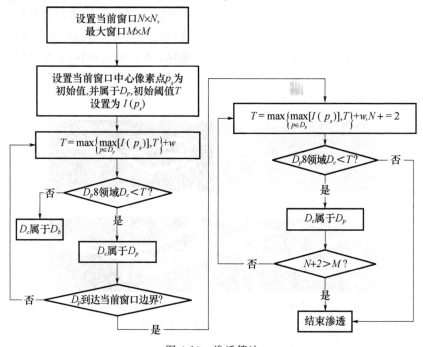

图 4-10 渗透算法

第一步,设置种子点,首先在图像中的任意位置设定大小为 $N \times N$ 的窗口,选择窗口中心像素点 p_s 为种子点,并且该点为渗透区域内的点,即从该点开始渗透,将该点的亮度 $I(p_s)$ 设置为初始阈值 T。

第二步,设 D_p 的 8 邻域为 D_c,判断 D_c 内的像素点亮度与阈值 T 之间的大小关系,如果 D_c 内某点亮度小于 T,则将该点归属于 D_p,否则归属于背景 D_b。

第三步,判断 D_p 是否到达当前窗口边界,若抵达边界则通过式(4-1)更新阈值 T,否则更新阈值 T 继续当前渗透过程。

$$T = \max \left\{ \max_{p \in D_p} [I(p_s)], T \right\} + w \tag{4-1}$$

第四步,判断 D_c 内的像素点亮度与阈值 T 之间的大小关系,如果 D_c 内某点亮度小于 T,则将该点归属于 D_p,若不存在亮度值小于 T 的像素点则结束渗透过程,否则 $N+2$,继续渗透过程。

第五步,判断 N 是否大于 M,若 N 大于 M,则结束渗透过程,否则返回第三步。D_p 即渗透算法得到的结果。管道表面灰度图像经过渗透算法处理后,转换为二值图像,将感兴趣区域(ROI)从背景中分离,增强 ROI 和背景之间的对比度。

渗透算法属于图像二值化方法,将其与 Otsu 算法、Maximum Entropy 算法进行对比,如图 4-11 所示。Otsu 算法所提取的二值图像存在轨迹中断的情况,并且造成裂纹之间的连通,但减少了孤立斑点和膨胀现象。Maximum Entropy 算法在保持裂纹的连续性方面有较大改进,与前两者相比有明显提高,保留了更多的裂纹特征,但也存在不同裂纹之间的连通现象。这两种算法所提取的裂纹图像边缘存在毛刺较多的情况,而渗透算法更有效地提取到裂纹区域,完好地保留裂纹的连通性,裂纹之间无连接,边缘也较为平缓,毛刺少,不存在孤立斑点。能够保留这些裂纹特性是骨架提取至关重要的条件。

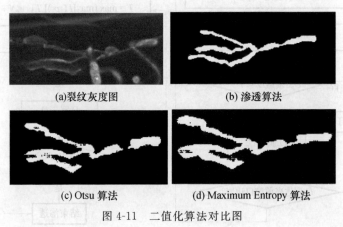

(a)裂纹灰度图　　　　　　　　(b) 渗透算法

(c) Otsu 算法　　　　　　　　(d) Maximum Entropy 算法

图 4-11　二值化算法对比图

4.2.2　管道裂纹骨架特征提取

基于机器视觉的图像模式自动识别算法,通常是利用裂纹图像和无裂纹图像之间的可区分特征加以判别,即必须找到有裂纹的图像分割后普遍具有而不含裂纹的图像分割后不具有的特征,分割目标的长度、宽度,以长宽比、圆形度、点坐标方差、平均长度等作为裂纹目标的特征。

(1)长宽比。对分割出的每个目标编号,并添加最小外接矩形,裂纹轮廓的最小外接矩形的长度远大于宽度,具有较大的长宽比,因此,求每个目标最小外接矩形的长宽比,即可得到裂纹的长宽比特征。

(2)圆形度。从图 4-11 中可以看出,裂纹轮廓为长条状,具有较低的圆形度,因此,求每个目标轮廓的周长 P 与面积 S,计算其圆形度 C(圆形度的计算公式如式(4-2)所示)。求图中所有目标的圆形度,即可得到裂纹的圆形度特征。

$$C = \frac{P^2}{4\pi S} \tag{4-2}$$

(3)点坐标方差。一般含裂纹的图像在进行分割处理过后,目标上的像素点集中分布在较窄的区域,当裂纹在图像中的方向为竖直方向时,目标上的像素点的横坐标方差最小,而不含裂纹的图像分割出的目标随机分布在图像的各个位置,像素点的坐标方差较大,因此可以选择目标的坐标方差作为特征。在采集的图像中,裂纹的方向具有不固定性,需要对目标像素点的横坐标进行旋转变换。旋转示意图如图 4-12 所示,图像像素坐标系为 OUV,目标为 L(对应坐标 $p(i,j)$),L'(对应坐标 $p'(i',j')$)为 L 顺时针旋转 θ 角后的位置。此时目标的横坐标方差最小,旋转后像素点的坐标变换公式为

$$i' = i\cos\theta - j\sin\theta$$
$$j' = i\sin\theta + j\cos\theta \tag{4-3}$$

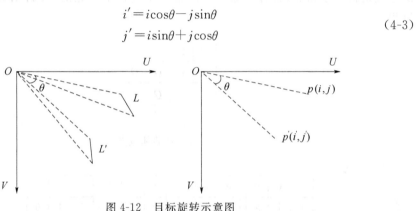

图 4-12　目标旋转示意图

由于裂纹的方向未知,旋转角度 θ 也未知,可以通过多次旋转来计算 θ 的近似角。顺时针旋转目标,如每次的旋转角度为 20°,旋转 9 次,计算每次旋转后目标像素点横坐标的方差,最小方差为坐标方差特征,此时的旋转角为 θ 的近似角。点坐标方差特征 σ^2 计算公式为

$$\sigma^2 = \min\left\{\frac{\sum_{n=1}^{N}\left[i'^{(k)} - \overline{i'}\right]^2}{N}\right\}p'(i',j'),\ k = 0,1,\cdots,8 \tag{4-4}$$

式中,N 为目标像素点的总数;i' 为旋转后目标像素点的横坐标;$\overline{i'}$ 为旋转后目标像素点横坐标的平均值;k 为旋转次数;σ^2 为提取出的点坐标方差特征。

(4)平均长度。对目标进行细化处理,获得目标的骨架,通过统计图像纵向、横向上的像素点个数,计算目标骨架的平均长度作为特征值。以下通过 OPTA(one-pass thinning algorithm)骨架提取方法说明管道裂纹特征的提取。

骨架提取通过多次迭代以某种规则去除边缘点,逼近区域的中心线,最终将区域

表示成单像素线条,保留区域的基本信息。该方法主要对细长区域有效。提取结果必须保持原图像的连通性,逼近中轴线,保持端点像素,尽可能由单像素点组成,避免出现附加性短分支。

此处采用一种改进的 OPTA 细化算法。该算法属于并行骨架提取算法,迭代次数少,降低了运算时间。设当前检测像素点为 P,相邻像素点为 Q,改进型 OPTA 算法按图 4-13 抽取领域,在删除模板、保留模板中,1 表示 ROI 的像素点,0 表示背景点。OPTA 算法过程如下:第一步,对当前二值图像中 ROI 的所有像素点与图 4-14 中预先定义的 8 个消除模板对比,若存在与某一模板匹配则转到第二步,否则保留该点。第二步,将该点与图 4-15 中所示的 9 个保留模板对比,若存在与某一模板匹配,则保留该点,否则设置该点为背景点,从骨架中删除。第三步,判断当前 ROI 所有点是否全部经过第一步、第二步,否则继续此轮运算。第四步,此轮运算结束,判断此次迭代是否有删除点,若有删除点返回第一步进行下一轮运算,否则结束整个运算过程。

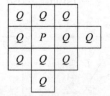

图 4-13　P 的邻域点

图 4-14　消除模板

改进的 OPTA 算法克服了原算法不能一次性将双斜线细化为单像素的缺陷,双斜线如图 4-16 所示。对图 4-16 中所示双斜线二值图骨架提取,图 4-16(a) 和图 4-16(b) 将并行进行图 4-14 删除模板的匹配,并与图 4-15(a) 中的 (g) 匹配,但进行图 4-15(a) 保留模板匹配时并找不到匹配模板,因此图 4-16(a) 和图 4-16(b) 都被删除,经过一次迭代即可将双斜线转换为单像素斜线。而图 4-15(c) OPTA 算法至少需要经过

9 次迭代,扫描图像次数越多,运算时间越长,并且结果存在非单像素现象。两种算法对双斜线图像的细化结果如图 4-17 所示。管道表面细长裂纹局部存在斜线的现象,通过改进型 OPTA 算法可将斜线区域骨架转化为单像素,而该算法所采用消除模板可以有效抑制纹线扭曲、附加毛刺多的现象。

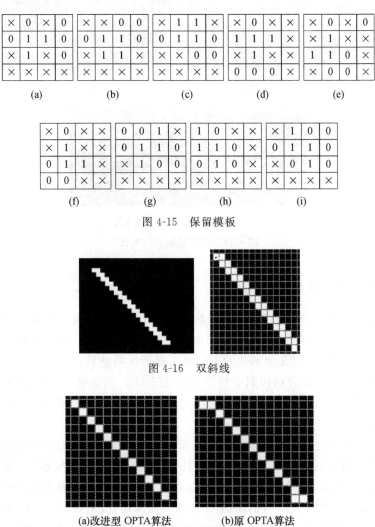

图 4-15　保留模板

图 4-16　双斜线

(a)改进型 OPTA算法　　　　(b)原 OPTA算法

图 4-17　双斜线细化结果

改进型 OPTA 算法与原 OPTA 算法对裂纹区域骨架提取结果如图 4-18 所示。原 OPTA 算法所提取的骨架存在较多的非单像素线条,如图 4-18(b)中方框所示,迭代 4 次。图 4-18(c)所用算法与改进型 OPTA 算法基本保证对图像的完全单像素化,不存在非单像素线条,不同的是在迭代时间上有所区别,图 4-18(c)算法至少需要 9 次迭代,而改进型 OPTA 只需要 3 次迭代,虽然改进型 OPTA 在对保留模板匹配时操作比图 4-18(c)多,但匹配 3 个模板所用时间远小于扫描整幅图像所用时间,因此,在运算时间和迭代次数上有明显区别,算法效率的提高是显而易见的。

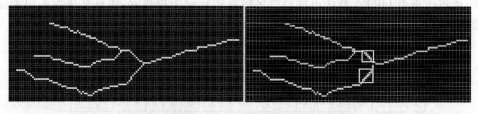

(a)改进型OPTA算法—3次迭代   (b)原OPTA算法

(c)改进型OPTA算法—9次迭代

图 4-18   骨架提取算法对比

4.2.3   管道裂纹缺陷的判别

若管道表面含有块状污斑、裂纹等缺陷,采用能够保留裂纹线性特征的渗透算法对管道裂纹灰度图像进行二值化,采取完全将 ROI 单像素化的改进型 OPTA 提取骨架。首先,根据缺陷几何形状的不同利用圆形度将块状污斑从经过渗透算法所提取的 ROI 中去除,最终获得只含线性区域的 ROI。圆形度 C 用来判断线性复杂度,点或片状区域的圆形度接近 1,圆形度越大表明区域线性越复杂。设圆形度阈值为 T_{circle},将 C 小于 T_{circle} 的 ROI 删除。

其次,对 ROI 进行骨架提取。管道表面材质的特殊性,以及形成裂纹的机理,使管道表面裂纹具有细长、复杂的特点,且具有分叉点。以此为突破口,采用改进的 OPTA 算法,获得裂纹区域单像素骨架信息,通过 8 邻域点判别法对裂纹骨架进行分析判断。8 邻域法如图 4-19 所示,图中 (i,j) 为当前像素点,$N_1,N_2,\cdots,N_8$ 为 8 邻域点。选取图 4-11(a)裂纹图像和图 4-20(a)划痕图像,根据裂痕存在分叉点的特性和像素点邻域点个数判定裂纹:若骨架图像中存在邻域点个数超过 2 的像素点,判定为裂纹。最后,经过渗透算法和 OPTA 算法得到划痕和裂纹的渗透图像分别如图 4-20(b)和图 4-11(b)所示,骨架图像如图 4-20(c)和图 4-18(a)所示。图 4-18(a)局部图像和图 4-20(d)一样存在两个邻域点个数为 3 的像素点(图 4-20(d)方框),除此之外,每个像素点只有 1 个或 2 个邻域点。存在邻域点个数大于 2 的像素点,被判定为裂纹。而划痕骨架中只存在邻域点个数为 1 和 2 的像素点,如图 4-20(c)所示。

N_1	N_2	N_3
N_8	(i,j)	N_4
N_7	N_6	N_5

图 4-19　8 邻域图

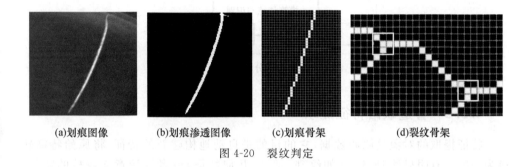

(a)划痕图像　　　(b)划痕渗透图像　　　(c)划痕骨架　　　(d)裂纹骨架

图 4-20　裂纹判定

4.3　基于机器学习的管道缺陷检测

近 20 年来,机器学习无论是在理论还是在应用方面都得到了巨大的发展,有许多重大突破,机器学习已被成功应用到计算视觉、模式识别、数据挖掘、自然语言处理、信息检索等计算机应用领域中,并成为这些领域的核心技术。而经典机器学习方法相对深度学习,在样本量较少的情况下仍具有一定优势,如支持向量机,可解决小样本、高维、非线性问题,同时模型训练与推理时间可大幅度缩短。为此,本节基于经典机器学习理论,探讨通过人工提取管道缺陷的纹理和边缘形状特征,构建基于统计机器学习的特征分类器,实现管道缺陷的小样本学习与快速分类识别。

4.3.1　管道缺陷分类识别流程

图 4-21 所示为管道缺陷分类识别算法流程,主要包括缺陷特征提取和缺陷识别模型构建两部分。首先,提取管道缺陷训练集图像的特征,包括纹理特征、梯度纹理特征等,通过串接融合形成缺陷判别特征向量;然后,构建统计机器学习的分类模型,通过缺陷特征学习训练,实现管道缺陷分类识别。

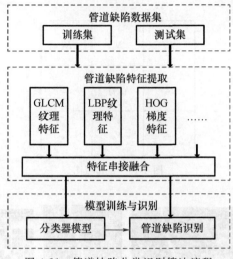

图 4-21 管道缺陷分类识别算法流程

4.3.2 管道缺陷特征提取

特征提取的对象是原始数据,它的目的是自动地构建新的特征,将原始特征转换为一组具有明显物理意义(如纹理、梯度、几何特征)或者统计意义或核的特征。由于管道缺陷相对于管道本体具有一定的灰度和纹理变化特点,为充分挖掘管道缺陷的特征信息,分别提取灰度共生矩阵的统计纹理(GLCM)特征、局部二值模式纹理(LBP)特征和方向梯度直方图(HOG)特征,为管道缺陷分类识别提供判别依据。

(1)统计纹理特征

通过计算样本灰度图像得到其共生矩阵 $G(i,j)$,然后透过计算该共生矩阵得到其部分特征值,可反映图像灰度关于方向、相邻间隔、变化幅度等的综合信息。提取对比度(CON)、能量(ASM)、熵(ENT)、逆方差(IDM)和相关性(COR)共 5 个统计纹理特征量,具体表达如下。

①对比度:可度量图像矩阵的分布和图像局部变化,反映管道图像清晰度和纹理的沟纹深浅。

$$\text{CON} = \sum_{n=0}^{k-1} n^2 \sum_{i-j=n} G(i,j) \tag{4-5}$$

式中,$k=16$,表示图像的灰度等级,后同。

②能量:反映管道图像灰度分布均匀程度和纹理粗细度,纹理越细,能量越小。

$$\text{ASM} = \sum_{i=1}^{k} \sum_{j=1}^{k} G(i,j)^2 \tag{4-6}$$

③熵:反映管道表面纹理分布的不均匀性或复杂程度,熵值越大,图像纹理越复杂。

$$\text{ENT} = -\sum_{i=1}^{k} \sum_{j=1}^{k} G(i,j) \lg G(i,j) \tag{4-7}$$

④逆方差：反映管道表面纹理局部变化，变化缓慢，则逆方差值相对较大。

$$\mathrm{IDM} = \sum_{i=1}^{k} \sum_{j=1}^{k} \frac{G(i,j)}{1+(i-j)^2} \tag{4-8}$$

⑤相关性：反映管道图像局部灰度相关性，管道图像纹理的一致性越强，其相关性值越大。

$$\mathrm{COR} = \sum_{i=1}^{n} \sum_{j=1}^{n} \frac{(ij)G(i,j) - u_i u_j}{s_i s_j} \tag{4-9}$$

式中，$u_i = \sum_{i=1}^{k} \sum_{j=1}^{k} i \cdot G(i,j)$；$s_i = \sqrt{\sum_{i=1}^{k} \sum_{j=1}^{k} G(i,j)(i-u_i)^2}$；$u_j$ 和 s_j 同理。

（2）LBP 特征

LBP 是描述图像局部纹理特征的算子，具有旋转不变性和灰度不变性的优点，其特征如图 4-22 所示。在 LBP 特征提取过程中，图像中心区域像素(x_c, y_c)的局部二值特征值 $f_{\mathrm{LBP}}(x_c, y_c)$通过该像素点与其相邻像素之间的关系进行编码，其计算式为

$$f_{\mathrm{LBP}}(x_c, y_c) = \sum_{i=0}^{p-1} 2^p s(v_i - v_c) \tag{4-10}$$

式中，v_c 是中心像素灰度值；v_i 是第 i 个像素灰度值；s 为二值取值。

$$s(x) = \begin{cases} 1 & x \geqslant 0 \\ 0 & x < 0 \end{cases} \tag{4-11}$$

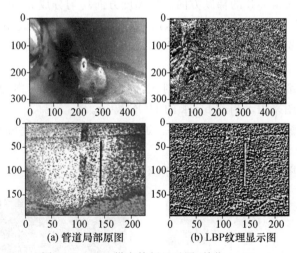

(a) 管道局部原图　　　　　(b) LBP 纹理显示图

图 4-22　LBP 梯度特征显示图（单位：mm）

（3）HOG 特征

方向梯度直方图（histogram of oriented gradient，HOG）特征的核心思想是在一个大小统一、网格密集的细胞单元上进行计算，利用相互重叠的局部对比度归一化技术来提高描述能力。由于 HOG 是在图像的局部方格单元上操作，所以它对图像的几何形变和光学形变都能保持很好的不变性。HOG 特征能够很好地描述图像局

73

部差分信息,且不易受噪声干扰,在管道检测中是描述缺陷边缘和形状最好的特征之一。管道图像的 HOG 特征提取步骤如下:

①图像归一化。使用伽玛变换等预处理方法归一化图像,降低管道缺陷图像局部的阴影和光照变化。

②滑动窗口设置。分割图像为若干个滑动窗口(block),block 用于在整幅图像上滑动提取局部 HOG 特征。

③计算梯度。将 block 均匀分成 4 个细胞单元(cell),block 之间采用重叠两个 cell 的形式进行滑动。计算出图像的像素点(x,y)的水平方向和垂直方向的梯度,水平方向上的梯度 $I_x(x,y)$ 为

$$I_x(x,y)=I(x+1,y)-I(x-1,y) \tag{4-12}$$

垂直方向上的梯度 $I_y(x,y)$ 为

$$I_y(x,y)=I(x,y+1)-I(x,y-1) \tag{4-13}$$

得出像素点(x,y)的梯度幅值 $m(x,y)$ 为

$$m(x,y)=\sqrt{[I_x(x,y)]^2+[I_y(x,y)]^2} \tag{4-14}$$

同样可得像素点(x,y)的梯度方向 $\theta(x,y)$ 为

$$\theta(x,y)=\arctan\left[\frac{I_y(x,y)}{I_x(x,y)}\right] \tag{4-15}$$

④累加计算获得 cell 的梯度方向。将梯度方向均匀分成 m 个方向,如果梯度方向存在正负,则将 $360°$ 均匀分成 m 个区间,否则将 $180°$ 均匀分成 m 个区间。将相同 cell 上所有相同梯度方向的点梯度幅值进行基于权重的累加计算,得出该 cell 的梯度直方图(HOG)。

⑤在重叠的细胞块内进行归一化对比。归一化每个 block 内的多个 cell 梯度直方图为一个直方图来表示当前 block 的 HOG 特征。

⑥收集检测窗口上所有块的 HOG。通过滑动 block 窗口完成整幅图像的 HOG 特征的提取。

⑦输出管道图像的 HOG 特征,如图 4-23 所示。

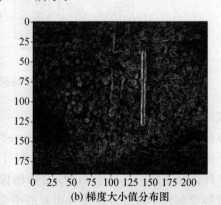

(a) 管道局部原图   (b) 梯度大小值分布图

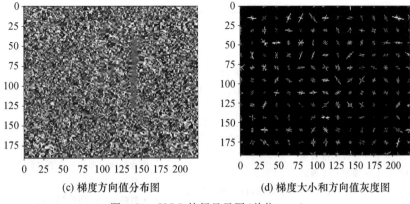

(c) 梯度方向值分布图　　　　　　(d) 梯度大小和方向值灰度图

图 4-23　HOG 特征显示图(单位:mm)

4.3.3　管道缺陷分类识别

(1)特征分类器选择

通过串联连接方式将 GLCM 特征、LBP 特征和 HOG 特征等进行融合,形成表征管道表面裂纹等缺陷信息的特征向量。根据管道缺陷特征信息,采用统计机器学习的分类器进行识别。常用的分类器有支持向量机(support vector machine,SVM)、K 最近邻(K-nearest neighbor,KNN)、朴素贝叶斯(naive bayes,NB)、决策树(decision tree,DT)、逻辑回归(logistic regression,LR)、神经网络(neural network)等。其算法各自的优缺点如表 4-1 所示。

表 4-1　常用分类算法的优缺点

分类器	优点	缺点
支持向量机 (SVM)	• 可解决小样本下机器学习的问题。 • 提高泛化性能。 • 可解决高维、非线性问题。 • 避免神经网络结构选择和局部极小的问题	• 对缺失数据敏感。 • 内存消耗大,难以解释。 • 运行和调差略烦人
K 最近邻 (KNN)	• 思想简单,理论成熟,既可以用来做分类也可以用来做回归; • 可用于非线性分类; • 训练时间复杂度为 $O(n)$; • 准确度高,对数据没有假设,对逸出值不敏感	• 计算量太大。 • 对于样本分类不均衡的问题,会产生误判。 • 需要大量的内存。 • 输出的可解释性不强

分类器	优点	缺点
朴素贝叶斯 (NB)	• 所需估计的参数少,对于缺失数据不敏感。 • 有着坚实的数学基础以及稳定的分类效率	• 假设各类属性之间相互独立,但实际往往并不成立。 • 需要知道先验概率。 • 分类决策存在错误率
决策树 (DT)	• 无须任何领域知识或参数假设。 • 适合高维数据。 • 简单易于理解。 • 短时间内处理大量数据,得到可行且效果较好的结果。 • 能同时处理数据型和常规性属性	• 对于各类别样本数量不一致数据,信息增益偏向于那些具有更多数值的特征。 • 易于过拟合。 • 忽略属性之间的相关性。 • 不支持在线学习
逻辑 回归(LR)	• 速度快。 • 简单易于理解,直接看到各个特征的权重。 • 能容易地更新模型吸收新的数据。 • 如果想要一个概率框架,动态调整分类阀值	• 特征处理复杂。 • 需要归一化和较多的特征工程
神经网络 (NN)	• 分类准确率高。 • 并行处理能力强。 • 分布式存储和学习能力强。 • 鲁棒性较强,不易受噪声影响	• 需要大量参数(网络拓扑、阀值、阈值)。 • 结果难以解释。 • 训练时间过长

随着电子信息技术发展,计算硬件配置、实用性和智能性大幅度提升,硬件计算能力以及数据采集与处理能力得到一定程度增强,而实际需求中问题的复杂性也进一步加大。SVM 是目前统计机器学习中最常用的分类算法,根据有限的样本信息,综合考量模型的复杂性和学习能力,针对小样本、非线性分类以及高维模式问题具有突出优势,因此本节以 SVM 为分类器对分类原理进行阐述。

(2)基于 SVM 的管道缺陷特征识别

SVM 通过定义线性最优超平面,将管道缺陷分类问题转化为确定超平面的优化问题。其应用中其最关键的是核函数的引入,通过核函数可避免高维变换,直接利用低维度数据代入核函数来等价高维度向量的内积,通过低维度数据非线性映射到高维空间,可将低维空间线性不可分的模式转化为高维空间线性可分的问题。

①SVM 分类器构建

设有管道缺陷样本集 $\{(x_1,y_1),(x_2,y_2),\cdots,(x_Q,y_Q)\}$,其中 x_i 为输入特征,y_i 为目标输出。设最优超平面为 $w^{\mathrm{T}}x_i+b=0$,其中 $i=1,2,\cdots,Q$,则须满足以下约束条件:

$$y_i(w^T x_i + b) \geqslant 1 - \xi_i \tag{4-16}$$

式中，ξ_i 为松弛变量。分类器目标即找到一个分类错误率最小的最优超平面，即得到以下优化问题：

$$\Phi(w, \xi) = \frac{1}{2} w^T w + C \sum_{i=1}^{N} \xi_i \tag{4-17}$$

式中，C 为惩罚系数。

②核函数的选择

SVM 算法应用过程中，核函数的选择对分类性能起重要作用，其表达式如下：

$$K(x, z) = \langle \Phi(x), \Phi(z) \rangle \tag{4-18}$$

常用核函数有线性核、多项式核、高斯径向基（radial basis function，RBF）核以及 Sigmoid 核。其中线性核函数的表达式为

$$K(x_i, x_j) = x_i^T x_j \tag{4-19}$$

多项式核函数的表达式为

$$K(x_i, x_j) = (x_i^T x_j + 1)^d \tag{4-20}$$

RBF 核函数的表达式为

$$K(x_i, x_j) = \exp\left(-\frac{\|x_i - x_j\|^2}{\delta^2}\right) \tag{4-21}$$

式中，δ 为 RBF 的超参数。

Sigmoid 核函数的表达式为

$$K(x_i, x_j) = \tanh(x_i^T x_j) \tag{4-22}$$

关于核函数的选择，可遵循以下原则：

a. 若特征维数很高，往往线性可分（SVM 解决非线性分类问题的思路就是将样本映射到更高维的特征空间中），可以采用线性核函数的 SVM。

b. 若样本数量很多，由于求解最优化问题时，目标函数涉及两两样本计算内积，使用高斯径向基明显计算量会大于线性核，因此需手动添加一些特征，使得线性可分，然后可用线性核函数的 SVM。

c. 若不满足上述两点，即特征维数少，样本数量正常，可使用 RBF 核或多项式核函数的 SVM。

4.4　基于深度学习的管道缺陷检测

基于本章 4.1.2 对管道缺陷检测的需求分析，可将管道缺陷检测分为管道缺陷分类、管道缺陷定位和管道缺陷分割三项任务。实际上管道缺陷具有类别多样、差异不明显等特点。目前缺陷检测识别技术仍处于起步阶段，特别是针对非显著性管道缺陷位置定位和区域分割仍十分困难。鉴于深度学习相比传统检测方法在视觉识别领域表现出的突出优势和取得的巨大成果，本节将介绍深度学习在管道缺陷分

类、管道缺陷定位和管道缺陷分割方面的应用模型,为管道缺陷检测的不同场景需求提供理论技术支撑和解决思路。

4.4.1 卷积神经网络理论

神经网络的呈现形式为相互连接的多个神经元,每个神经元将一个或者多个数据输入到一个模型中,得到一个输出。神经元结构如图 4-24 所示。

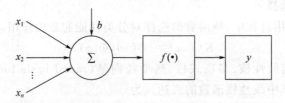

图 4-24　神经元结构图

神经元的输出公式为

$$y_{W,b}(x) = f\left(\sum_{i=1}^{n} W_i x_i + b\right) \tag{4-23}$$

式中,f 代表激活函数;W 代表权重;b 代表偏置。图 4-25 所示为神经网络的结构图。

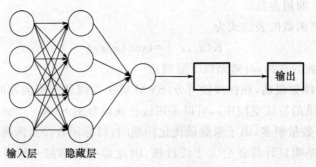

图 4-25　神经网络的结构图

卷积神经网络(convolutional neural networks,CNN)是神经网络的一种,它在神经网络中引入了局部感受野、卷积、池化等思想,属于前馈神经网络,是深度学习的基础。图 4-26 所示为一个典型的卷积神经网络,由卷积层、池化层和全连接层等组成。

(1)卷积层

卷积神经网络中最重要的结构便是卷积层,其结构如图 4-27 所示。

其中一个卷积层包含多个卷积核与偏置。卷积核的功能类似于滤波器,初始是一个充满随机数的矩阵,随着训练次数的增加,卷积核与偏置的数据在不断被修改,卷积核将变为一个可以提取固定特征的滤波器。在卷积神经网络中包含大量卷积核,用来提取图像的边缘、圆角等特征。

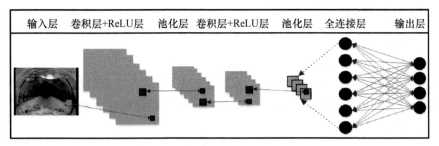

图 4-26　典型的卷积神经网络结构

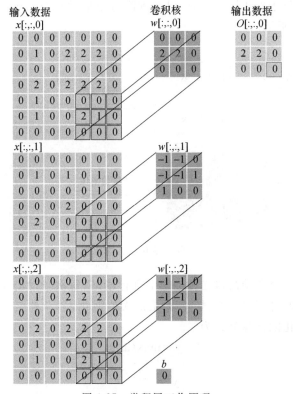

图 4-27　卷积层工作原理

图 4-27 中,卷积层输入一个大小为 $5\times5\times3$ 的图像。为了对三通道的图像数据进行特征提取,需要三个卷积核,图中卷积核的尺寸为 $3\times3\times3$,这样为图像的每一个通道分配一个专属的卷积核。在卷积开始时,卷积核位于图像数据的右下角,依次向右滑动,当这一行滑动到头的时候自动向下换一行,然后重复上述操作。在滑动时有两个参数可以人为设置,一个是卷积核的滑动步长 S,一般 S 取 1、2、3;另外一个参数是填充 P,它的作用是填充在矩阵数据周围来调整卷积结果的尺寸,一般用 0 来填充。在图 4-27 中,卷积核每滑动一次就会与每个重叠的矩阵做一次卷积计

算,其计算公式为

$$\sum x[:,:,0] \times \sum w[:,:,0] + \sum x[:,:,1] \times \sum w[:,:,1] +$$
$$\sum x[:,:,2] \times \sum w[:,:,2] + b = O \qquad (4-24)$$

式中,x 是图像数据;w 是卷积核矩阵;b 是偏置参数;O 为卷积的输出结果。输出特征图的尺寸 H^* 是由原图像尺寸 H、卷积核大小 F、卷积核移动步长 S 和填充 P 共同决定的,其计算公式为

$$H^* = (H - F + 2 \times P)/S + 1 \qquad (4-25)$$

（2）池化层

池化层通常位于卷积层之后,可以起到降低数据量和防止过拟合的作用。池化层结构如图 4-28 所示。

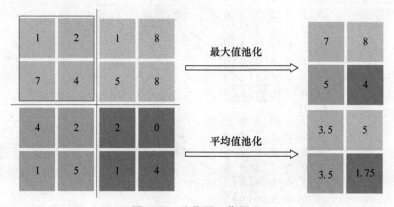

图 4-28　池化层工作原理

池化层采用一个滑动窗口在特征图上进行滑动,每次滑动的步长与窗口的大小一致。池化层有两种下采样形式,一种是最大值池化,另一种是平均值池化。最大值池化与平均池化的计算公式为

$$y = \max(x_{ij}) \qquad (4-26)$$

$$y = \frac{\sum x_{ij}}{L} \qquad (4-27)$$

式中,x_{ij} 代表窗口中每一个元素,L 代表窗口长度。池化层输出的尺寸计算公式与卷积层输出尺寸计算公式相同,都为式(4-25)。

（3）全连接层

全连接层在整个卷积神经网络中起到"分类器"的作用。如果说卷积层、池化层和激活函数层等操作是将原始数据映射到隐层特征空间的话,全连接层则起到将学到的"分布式特征表示"映射到样本标记空间的作用。全连接层中的每个神经元与其前一层的所有神经元进行全连接,可整合卷积层或者池化层中具有类别区分性的局部信息。为了提升卷积神经网络性能,全连接层每个神经元的激励函数一般采用

ReLU 函数。最后一层全连接层的输出值被传递给一个输出,可采用 softmax 逻辑回归进行分类,该层也可称为 softmax 层。

4.4.2　管道缺陷分类网络

随着人工智能快速发展,卷积神经网络在图像分类领域取得巨大进步,常用的卷积神经网络有 AlexNet、GoogLeNet、VGGNet 等网络模型。为此,根据不同场景管道图像的缺陷判别需求,可以基于以上网络模型,构建管道缺陷分类网络数据训练和识别。

（1）AlexNet

AlexNet 是由 Krizhevsky 等创建并夺得 2012 年 ImageNet 比赛的冠军,将 ImageNet 的识别准确率提高了一倍多,在图像分类上有自身较为出色的优势。该模型由 8 层结构组成,前 5 层为卷积层,后 3 层为全连接层,最后一个全连接层为 1000 类输出的 softmax 分类层。AlexNet 网络共涉及约 60000 万参数。该模型使用了 ReLU 激活函数,其梯度下降速度更快,因而训练模型所需要的迭代次数大大降低。同时该模型使用了 dropout 操作,在一定程度上避免了因训练产生的过拟合。图 4-29 所示为 Alexnet 的网络架构。

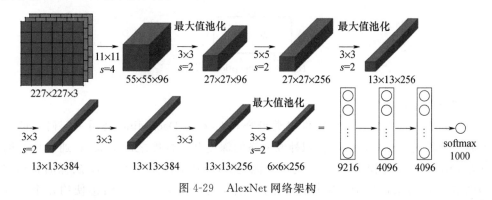

图 4-29　AlexNet 网络架构

（2）GoogLeNet

GoogLeNet 是 2014 年 ImageNet 大规模视觉识别挑战（ILSVRC）大赛冠军网络,将错误识别率降低到 6.67% 的一种深层 CNN 模型,共 22 层,比 AlexNet 等网络规模都小,而性能却更优越。Inception 是 GoogLeNet 引入的基础模块单元,主要实现多尺度卷积提取局部特征,并经过优化训练得到最优参数配置（参数量 500 万）。Inception 结构如图 4-30 所示,3×3 卷积层和 5×5 卷积层前加入 1×1 卷积层,1×1 卷积层放在 3×3 最大池化层之后,这样先进行降维,从而进一步减少参数量。Inception 模块允许前一层输入,之后通过不同尺度和功能分支的并行处理后级联形成 Inception 模块的输出,实现多尺度特征融合。最终的 Inception 由 9 个 Inception 模块堆叠而成。该模型采用全局平均池化（global average pooling,GAP）来代替全连接层;虽然移除了全连接层,但网络中依然使用 dropout 层防止过拟合;而且为避免梯度消失,额外增加了 2 个辅助 softmax 用于向前传导梯度。基于以上优势,GoogLeNet 模型能在不增加计算量的同时最大程度地优化性能,适用于管道缺陷分类识别。

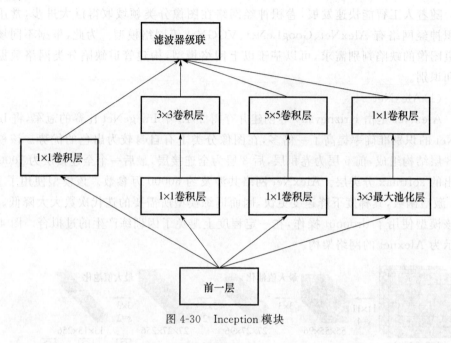

图 4-30 Inception 模块

(3)VGGNet

VGGNet 是牛津大学计算机视觉组合和 Google DeepMind 公司一起研发的深度卷积神经网络。它探索了卷积神经网络的深度和其性能之间的关系,通过反复的堆叠3×3 的小型卷积核和 2×2 的最大池化层,成功地构建了 16～19 层深的卷积神经网络。VGGNet 从 AlexNet 模型发展而来,主要修改有两方面:①使用几个带有小滤波器的卷积层代替一个大滤波器的卷积层,即卷积层使用的卷积核较小,但是增加了模型深度。②采用多尺度训练策略,具体来说,首先将原始图像等比例缩放,要保证短边大于 224,然后在经过处理的图像上随机选取 224×224 窗口。因为物体变化多样,这种训练策略可以更好地识别物体。VGGNet 全部使用 3×3 的卷积核和 2×2 的池化核,通过不断加深网络结构来提升性能。网络层数的增长并不会带来参数量上的爆炸,因为参数量主要集中在最后三个全连接层中。同时两个 3×3 卷积层的串联相当于 1 个 5×5 的卷积层,3 个 3×3 的卷积层串联相当于 1 个 7×7 的卷积层,但 3 个 3×3 的卷积层参数量只有 7×7 的一半左右,同时前者可有 3 个非线性操作,而后者只有 1 个非线性操作,这样使得前者对于特征的学习能力更强。VGG-Net 网络结构如 4-31 所示。

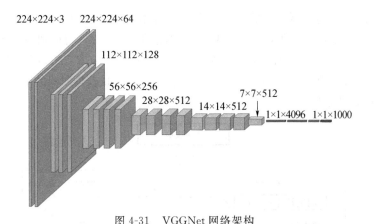

图 4-31　VGGNet 网络架构

4.4.3　管道缺陷定位网络

随着大数据和深度学习技术的快速发展,基于深度学习的目标检测已取得了大量成果,有代表性的如空间金字塔池化网络、快速区域网络、YOLO 算法等方法,已在大量的数据集上取得了不错的检测精度。通过对当前应用和研究较多的各方法的特点、应用范围以及其组合方法进行分析,可发现各种方法都有其适用范围和精度水平,在实际使用中,需针对长输管线的腐蚀裂缝缺陷、异常焊接缺陷的实时检测的不同需求情况而选用相应的方法。

(1)空间金字塔池化网络 SPP-net

2015 年提出的 SPP-net 通过训练时输入图片可变尺寸的灵活设计,增强了网络的尺度不变性,取消了传统固定输入图片尺寸造成的信息损失约束,降低网络训练耗时,并减少了模型过拟合的可能。SPP-net 网络结构如图 4-32 所示,对输入图片完成随机候选区域选取,进行最小边尺寸变换并提取对应特征图,得到候选区域在特征图上的映射位置窗口,对该窗口做空间金字塔,最大值池化图 4-32 中每一个网格,每个网格均得到一个 1×256 的向量(256 是最后一层卷积层的滤波器数量),所有网格的向量拼接即为窗口的特征向量,得到的特征向量经过全连接层,再送入 SVMs 得出分类结果。由于输出采用 SVMs 作为分类器,模型训练复杂,耗费时间长。

(2)快速区域网络 Fast R-CNN

为弥补 SPP-net 采用的 SVMs 分类器运算复杂的缺点提出的 Fast R-CNN,引入 ROI(region of interest)池化层代替 SPP-net 的空间金字塔池化层,并且在全连接层(FC)后面增加两个输出层分别用于检测类别和位置,从而替代 SVMs 作为分类器。Fast R-CNN 通过对输入图片的感兴趣区域(ROIs)进行卷积池化操作得到特征图并进行 ROI 池化,得到特征向量(tensor),再经过全连接层后的两个输出层分别得到分类结果和目标位置,完成对图像中目标的检测定位任务。其中,ROI 池化层是 SPP-net 的一种特殊情况及改良,只用金字塔的一层图像,其结构见图 4-33。输入图片中宽高为 $w\times h$ 的 ROI 区域,被拆分成 $W\times H$ 个网格,每个网格的大小为 $w/W\times h/H$,池化每个网格,均得到一个向量,所得向量拼接即为 ROI 区域的特征向量。但是在检测图片输入 Fast R-CNN 网络前首先必须得到 ROIs 区域信息,因此,Fast R-CNN 的检测速度受到 ROIs 获取时间的限制,导致其仍难以满足实时检测要求。

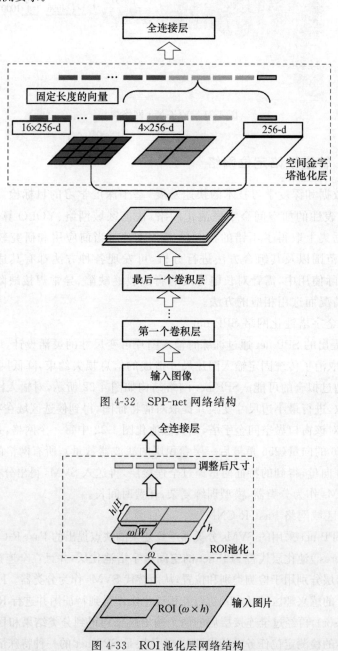

图 4-32　SPP-net 网络结构

图 4-33　ROI 池化层网络结构

（3）YOLO（you only look once）算法

为突破实时目标检测的瓶颈，Redm 等在 2016 年提出了 YOLO 算法。YOLO 算法基于端到端的思想设计，网络结构如图 4-34 所示。其主要创新之处在于，将对目标物体区域的坐标定位与对目标物体的分类预测统一为回归问题。向网络中输入一张完整的图片时，经过多层卷积层、池化层与全连接层的作用提取出一条包含图像中目标物体位置、类别、置信度信息的特征向量。经过 YOLO 算法的损失函数计算与实际标签的误差，同时通过优化器优化，在多次迭代后，使得输出的特征向量更加拟合于训练期间输入图像标签。在测试的时候设置置信度阈值滤除得分较低的检测框，然后采用 NMS（非极大值抑制）算法滤除与得分最高检测框 IOU（交并比）最大的框，将最终剩余的框作为目标检测结果，开辟了目标检测新思路。YOLO 算法只包含一个卷积网络，结构更简单，直接对整幅图片做卷积，利用图片全局信息，一次预测出图像中所有目标位置及类别，泛化能力强、检测速度快。

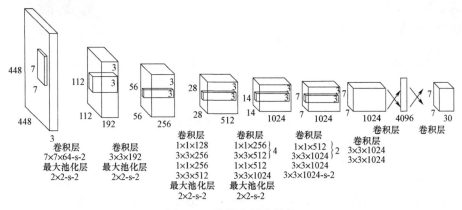

图 4-34　YOLO 网络结构

4.4.4　管道缺陷分割网络

管道有时候会同时出现多种缺陷，比如管道某段管壁被腐蚀又存在沉淀，分类通常会把这种情况归为一种情况，但显然与实际有差距，不能很好地反映管道存在的缺陷。将管道缺陷图片的缺陷区域标注出来，有利于直观看到缺陷，同时对缺陷面积的统计也有利于估算修复缺陷所需要的材料、设备等，便于成本估算。基于此，本节将探讨缺陷区域的分割模型。

（1）全卷积网络 FCN 分割模型

全卷积网络是 2014 年提出的，是最常用的语义分割网络之一，其结构如图 4-35 所示。FCN 是深度学习的图像语义分割的开山之作，目前所有最成功的语义分割网络都是基于它来进行改进的。FCN 网络利用 CNNs 在图像上的强大学习能力提出了一个全卷积化概念，将现有的一些常用分类深度网络模型如 VGGNet、GoogLeNet

等网络的全连接层全部用卷积层来替代,这样做的好处是因为没有了全连接层,最终输出的结果是一张图片而不是一维向量,实现了端对端的语义分割;其次,通过去除全连接层能实现任意大小图片的输入,从而保证输入与输出图片大小相等。由于卷积层后接有池化层,池化层又称下采样层,会对图片的分辨率大小产生影响。为了保证输入图片与输出图片的大小相等,FCN 网络使用反卷积的方式进行上采样以维持图片的分辨率。对于 FCN,1×1 卷积层的使用使网络可以处理任意大小的输入;基于块的方法需要在重叠块上进行很多冗余计算,而 FCN 中感受野的显著重叠使得网络在前馈和反馈计算中更加高效。同时该网络通过跳层结构将来自不同层的特征图进行有效融合,能有效提升分割精度。

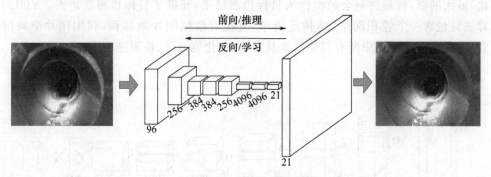

图 4-35　FCN 网络结构

(2)U-net 分割模型

U-net 是在 2015 年提出的一个用于医学图像分割的全卷积网络结构。它是一个对称编码-解码网络结构,网络结构如图 4-36 所示。U-net 也采用了 FCN 的跳层结构,但两者有较大区别:U-net 将编码阶段获取的特征图传送到对应的解码阶段,并通过连接的方式融合来自不同阶段的特征图。U-net 采用的是 3×3 的非填补卷积操作,因此,每经过一次卷积,特征图会缩小 2×2 个像素,为了实现连接操作,特征在传送过程中还进行了裁剪。

U-net 的另一个亮点在于针对生物细胞图像的特点,提出了一个加权交叉熵损失函数,如下式所示:

$$E = \sum_{X \in \Omega} \omega(x) \lg [p_{l(x)}(x)] \tag{4-28}$$

式中,ω 是一个权重图谱,通过形态学操作的方式计算获得。

$$\omega(x) = \omega_c(x) + \omega_0 \cdot \exp \left\{ - \frac{[d_1(x) + d_2(x)]^2}{2\sigma^2} \right\} \tag{4-29}$$

式中,ω_c 是对类别频率的权重;d_1、d_2 分别是像素点离最近的、倒数第二近的距离。

损失函数的目的是为了补偿训练数据集中每类像素出现的不同频率,使网络将重点放在相互接触的细胞之间比较细微的区域。此外,本节还采用了自适应权重初始化方法：采用标准方差为 2N 的高斯分布去初始化权重。其中 N 为神经元输入节点的数量。

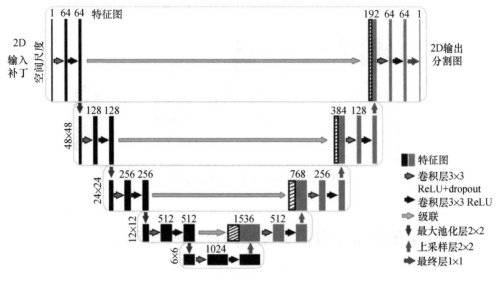

图 4-36　U-net 网络结构图

（3）Mask R-CNN 分割模型

Mask R-CNN 是 faster R-CNN 的扩展形式，能够有效地检测图像中的目标，并且 Mask R-CNN 训练简单，只需要在 Faster R-CNN 的基础上增加一个较小的开销，同时还能为每个实例生成一个高质量的分隔掩码。Mask R-CNN 可实现像素级别的图像实例分隔，将物体检测和目标分隔同时并行处理，取得较好的实例分隔效果。

Mask R-CNN 的思路很简洁，既然 Faster R-CNN 目标检测的效果非常好，每个候选区域能输出种类标签和定位信息，那么就在 Faster R-CNN 的基础上再添加一个分支从而增加一个输出，即物体掩膜，也即由原来的两个任务（分类＋回归）变为三个任务（分类＋回归＋分割）。故 Mask R-CNN 在 Faster R-CNN 基础上增加了 RoIAlign 以及全卷积网络，将分类预测和掩码预测拆分为网络的两个分支。分类预测分支与 Faster R-CNN 相同，对兴趣区域给出预测，产生类别标签以及矩形框坐标输出，而掩码预测分支产生的每个二值掩码依赖于分类预测结果，基于此刻分隔出物体。Mask R-CNN 对每个类别均独立地预测一个二值掩码，避开类间的竞争，采用两个步骤实现：第一步也是用 RPN 提取候选区域；第二步对每个 ROI 输出一个二值的掩码，将分类与回归同时进行，简化了训练流程。网络结构如图 4-37 所示。

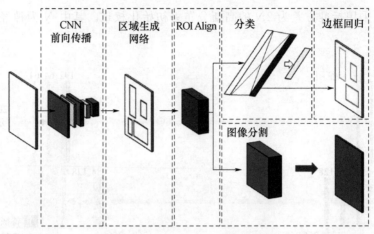

图 4-37　Mask R-CNN 网络结构图

4.5　基于深度学习的管道缺陷分类应用示例

4.5.1　识别流程

通过读取管道闭路电视(CCTV)拍摄的管道内部视频,收集管道内部的图片,引入深度学习图像处理技术,对图像进行预处理;基于经典的 VGGNet 卷积神经网络,构建管道缺陷检测模型,并对网络进行优化训练,得到稳定的管道缺陷识别网络模型,进而实现对管道缺陷的智能识别分类。检测流程如图 4-38 所示。

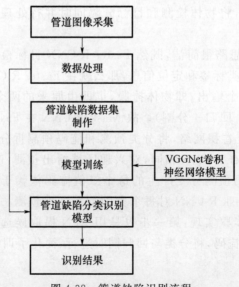

图 4-38　管道缺陷识别流程

4.5.2　管道缺陷图像数据采集

应用 CCTV 现场实测方法如下：

(1)在运用 CCTV 检测系统检测管道时，首先在系统内录入版头，注明日期、检测位置、名称、检测井编号、管道的直径和材质、管道具体类型及其工程编号等。

(2)爬行器的前进方向尽量同传输方向一致。

(3)爬行器在常规管道进行拍摄时，镜头应保持在管道内中心位置处，在椭圆形管道进行拍摄时镜头保持在管道 2/3 高度的中心处，偏离小于±10%。

(4)当管道直径小于等于 200 mm 时，爬行器的爬行速度应小于 0.1 m/s；大于 200 mm 时，爬行器的前进速度应小于 0.15 m/s。

(5)检测开始前将爬行器放置在开始处，将各个指标调试好，计数器设置为 0。

(6)拍摄的每段管道影像资料必须保持完整不间断，录制画面上方注明检测时间、检查井编号、管径大小、检测方向、管道的类型等信息。

(7)每完成一段检测，都要对设备计数器的检测数据与实际检测管道长度数值进行修正处理，防止误差的积累。

(8)爬行器行驶过程中，不得随意调整摄像头角度和焦距；转动镜头角度或调整焦距时必须保持爬行器静止。

(9)采用手持式电视系统进行检测时，要按具体的操作规范安置摄像镜头和光源，调整镜头使其可以拍摄到清晰的画面。

将采集来的图片(图 4-39)按脱落、裂纹、孔洞、结垢腐蚀、错口脱节、障碍物六类各选取 100 张。

(a) 管道全局图像　　　　　　　　　(b) 管道局部图像

图 4-39　管道缺陷图示例

4.5.3　数据处理

深度学习方法实现管道缺陷的分类速度快且分类效率比传统机器视觉方法高。

然而,训练高泛化性的深度学习模型需要大量的管道缺陷图像。为了提升管道缺陷的图像数据数量,增加样本图像的多样性,采取一些常用的图像数据增强算法,扩充深度学习训练数据集。图像数据增强算法包括几何变换、色彩空间增强、核滤波器、混合图像、随机擦除和特征空间增强等,部分如图 4-40 所示。另外,通过改进网络的学习原理,根据训练对象的差异,设计合适的计算方式,如增加权重等,通过人工合成新样本来解决样本不平衡问题,提升网络的分类性能。

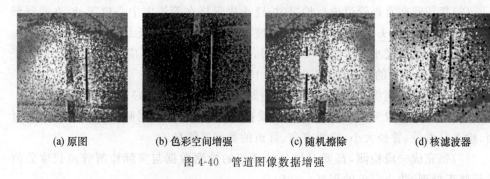

(a) 原图　　　　　　　(b) 色彩空间增强　　　　　　(c) 随机擦除　　　　　　(d) 核滤波器

图 4-40　管道图像数据增强

4.5.4　数据图像标注

根据对缺陷的自动分类,分别给图片命名为 TL、LW、KD、FS、CK、ZAW 予以标注,具体见表 4-2。

表 4-2　分类样本标签和数量

类别	标签号	训练样本数	测试样本数	总计
脱落(TL)	0～99	80	20	100
裂纹(LW)	100～199	80	20	100
孔洞(KD)	200～299	80	20	100
结垢腐蚀(FS)	300～399	80	20	100
错口脱节(CK)	400～499	80	20	100
障碍物(ZAW)	500～599	80	20	100
总计	600	480	120	600

4.5.5　分类模型选择与训练

VGGNet 卷积神经网络获得了 2014 年 ILSVRC 图像识别大赛的亚军,是一种重要的神经网络结构,具有较强的泛化能力,且具有结构简单、容易训练等特点,为此,选择 VGGNet 网络进行管道缺陷分类识别。VGGNet 包括 VGG-16、VGG-19 等网络结构。相对于 VGG-19,VGG-16 的网络层数少三层,因此,网络参数也相应较少。将后两个全连接层之间加入一个具有 1024 个神经元的新的全连接层,可以使特征维度下降的过程中有个过渡，以保留更有效的信息，从而提高分类器的能力。对 VGGNet 的训练，采用预训练模型微调的方法，将牛津大学提供的 VGG-16 在大规模图像数据库 ImageNet 上预训练，对所有卷积层和前两个全连接层进行初始化，对最后一个全连接层以及新加入的 1024 个神经元的全连接层进行随机初始化。最后，使用 SGD 优化算法对 VGGNet 网络进行训练。

4.5.6　管道缺陷识别评估标准

管道缺陷检测设计是一个分类任务。分类任务常用卷积准确率来评估算法模型。如前所述，管道缺陷中更关注缺陷的召回率，因此，本节使用准确率和缺陷召回率进行评估，分别定义如下：

识别率＝正确识别的样本数/所有的样本数

缺陷召回率＝正确识别的缺陷样本数/所有缺陷样本数

对于使用训练样本完成训练的 VGGNet，在如前所述的 600 张测试样本上进行测试，使用识别率和缺陷召回率进行评估。通过对网络的选型和训练优化，可实现管道缺陷自动分类识别，为管道缺陷自动检测提供技术参考和理论支撑，节省了管道检测作业的人力成本，加速促进管道检测智能化和自动化发展。

第5章 事故应急救援预案编制

本章以湖北省路桥集团有限公司为例,编制事故应急救援预案为其他公路工程提供参考。

5.1 总则

5.1.1 编制目的

为了贯彻落实"安全第一、预防为主、综合治理"的安全生产方针,规范湖北省路桥集团有限公司(以下简称"集团公司")应急管理和应急响应程序,进一步明确各方职责,完善应急救援体制机制,及时、科学、有效地指挥、协调集团公司各单位、各部门预防和处置可能发生的集团公司范围内各类突发事件,控制、减轻和消除突发事件引起的严重危害,保障职工和公众生命安全,最大限度地减少人员伤亡、财产损失与社会危害,维护公司员工职业健康,促进安全生产经营稳定,结合集团公司实际,制定本预案。

5.1.2 编制依据①

5.1.2.1 法律、法规、规章和规范性文件

(1)《中华人民共和国安全生产法》(2020 年 6 月 10 日修订)

(2)《中华人民共和国突发事件应对法》(2007 年 11 月 1 日施行,中华人民共和国主席令第 69 号)

(3)《中华人民共和国公路法》(2017 年 11 月 5 日修订,中华人民共和国主席令第 19 号)

(4)《中华人民共和国道路交通安全法》(2011 年 5 月 1 日修订,中华人民共和国主席令第 47 号)

(5)《中华人民共和国消防法》(2009 年 5 月 1 日施行,中华人民共和国主席令第 6 号,2019 年 4 月 23 日修订)

(6)《生产安全事故报告和调查处理条例》(中华人民共和国国务院令第 493 号)

---

① 实际编制中根据最新的各类文件更新。

（7）《公路安全保护条例》（中华人民共和国国务院令第 593 号）

（8）《生产安全事故应急条例》（中华人民共和国国务院令第 708 号）

（9）《突发公共卫生事件应急条例》（中华人民共和国国务院令第 588 号）

（10）《中华人民共和国道路交通安全法实施条例》（2017 年 10 月 7 日修订,中华人民共和国国务院令第 687 号）

（11）《危险化学品安全管理条例》（中华人民共和国国务院令第 645 号）

（12）《突发事件应急预案管理办法》（国办发〔2013〕101 号）

（13）《国家突发公共事件总体应急预案》（2006 年 1 月 8 日发布并实施,国务院第 79 次常务会议通过）

（14）《交通运输突发事件应急管理规定》（中华人民共和国交通运输部令 2011 年第 9 号）

（15）《生产安全事故应急预案管理办法》（中华人民共和国应急管理部令第 2 号）

（16）《生产安全事故信息报告和处置办法》（安全监管总局令第 21 号）

（17）《公路交通突发事件应急预案》（交公路发〔2009〕226 号）

（18）《湖北省突发事件应对办法》（湖北省人民政府令第 367 号）

（19）《湖北省高速公路管理条例》（湖北省人民代表大会常务委员会公告第 93 号）

（20）《湖北省安全生产条例》（湖北省第十二届人民代表大会常务委员会第二十八次会议于 2017 年 5 月 24 日修订通过）

（21）《湖北省生产安全事故应急预案管理实施细则》（鄂安监规〔2017〕1 号）

（22）《湖北省突发公共事件总体应急预案》

（23）《武汉市突发事件总体应急预案》（武政〔2013〕25 号）

（24）《武汉市安全生产事故灾难应急预案》（武政办〔2015〕81 号）

（25）《武汉市交通运输突发事件应急预案》（武政办〔2015〕125 号）

5.1.2.2　标准规范

（1）《危险化学品重大危险源辨识》（GB/T 18218—2018）

（2）《企业职工伤亡事故分类标准》（GB 6441—1986）

（3）《生产过程危险和有害因素分类与代码》（GB/T 13861—2009）

（4）《生产经营单位生产安全事故应急预案编制导则》（GB/T 29639—2020）

（5）《生产安全事故应急演练基本规范》（AQ/T 9007—2019）

（6）《生产安全事故应急演练评估指南》（AQ/T 9009—2015）

5.1.3　适用范围

本预案适用于集团公司生产经营区域范围内一般事件级别以上突发事件的应对工作,并指导各子（分）公司、项目部应急预案的编制工作。本预案指导集团公司的突发事件应对工作。

5.1.4 应急预案体系

集团公司应急预案体系由突发事件综合应急预案,各专项应急预案,子(分)公司、项目部专项应急预案和现场处置方案组成。

(1)综合应急预案从集团公司层面上综合阐述处置事故的应急方针、政策、应急组织结构及相关应急职责,应急行动、措施和保障等基本要求和程序,是应对各类事故的纲领性、综合性文件。

(2)各专项应急预案是按事故灾害、自然灾害、公共卫生、社会安全四个类型,针对具体事故类别、危险源和应急保障而制定的计划或方案,是综合应急预案的重要组成部分,应按照综合应急预案的程序和要求组织制定,明确表述救援程序和具体应急救援措施,是综合应急预案的支持性文件。

(3)子(分)公司、项目部现场处置方案是针对具体专项预案的分解,是指向特定生产场所、设施、装置、设备、岗位所制定的应急处置措施,具有简单、具体、针对性强的特点。各子(分)公司、项目部专项应急预案、现场处置方案应与集团公司综合应急预案相衔接。

集团公司应急预案体系框图如图 5-1 所示,应急预案体系设置目录及编号见表 5-1。

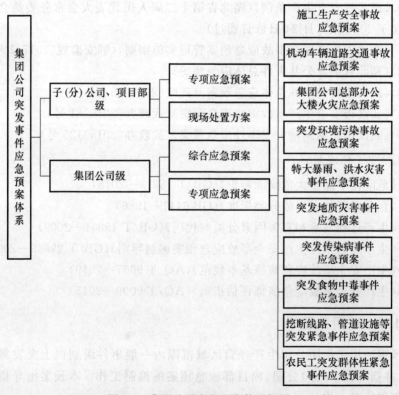

图 5-1　集团公司应急预案体系框图

表 5-1 应急预案体系设置目录及编号

类别	序号	预案名称	预案编号	说明
综合类	1	突发事件综合应急预案	RB-SJ-ZH-YJ-01-2019	用于组织管理、指挥协调突发事件处置工作的指导原则和程序规范,是应对各类突发事件的综合性文件
事故灾害类	2	施工生产安全事故应急预案	RB-SJ-ZN-YJ-01-2019	用于处置应对和处理施工现场发生生产安全事故时的应急处置工作
事故灾害类	3	机动车辆道路交通事故应急预案	RB-SJ-ZN-YJ-02-2019	用于处置应对和处理发生机动车辆道路交通事故时的应急处置工作
事故灾害类	4	集团公司总部办公大楼火灾应急预案	RB-SJ-ZN-YJ-03-2019	用于处置应对和处理集团公司总部发生火灾时灭火及疏散的应急处置工作
事故灾害类	5	突发环境污染事故应急预案	RB-SJ-ZN-YJ-04-2019	用于处置应对和处理施工现场发生环境污染事故时的应急处置工作
自然灾害类	6	特大暴雨、洪水灾害事件应急预案	RB-SJ-ZZ-YJ-01-2019	用于处置特大暴雨、洪水等气象灾害造成的事件
自然灾害类	7	突发地质灾害事件应急预案	RB-SJ-ZZ-YJ-02-2019	用于处置山体滑坡、塌陷等地质灾害造成的事件
公共卫生类	8	突发传染病事件应急预案	RB-SJ-WS-YJ-01-2019	用于发生规定的传染病疫情的情况下,应对内部人员感染疫情事件的应急处置
公共卫生类	9	突发食物中毒事件应急预案	RB-SJ-WS-YJ-02-2019	用于发生食物中毒事件的应急处置
社会安全类	10	挖断线路、管道设施等突发紧急事件应急预案	RB-SJ-SA-YJ-01-2019	用于施工过程中挖断线路、管道设施等引发的紧急事件的应急处置
社会安全类	11	农民工突发群体性紧急事件应急预案	RB-SJ-SA-YJ-02-2019	用于农民工群体性紧急事件的应急处置

5.1.5 工作原则

(1)以人为本,减少危害。切实履行集团公司突发事件应急管理职能,把保障员工和相关方的健康及生命财产安全作为首要任务,最大限度地预防和减少突发事件及其造成的人员伤亡和危害。

(2)预防为主,平战结合。各级领导高度重视安全工作,坚持应急救援与日常演练相结合,坚持预防与应急并重,常态与非常态相结合,常抓不懈,防患于未然,积极做好突发事件的预防、预测、预警和预报等各项应急准备工作,做好常态下的风险评估、队伍建设、装备完善、预案演练、能力评估与持续改进工作。

（3）统一领导，分级负责。在集团应急委的统一领导下，各子（分）公司应根据集团公司应急工作的要求，有系统、分层次地建立应急工作组织体系和预案体系，按照各自职责和权限，负责有关突发事件的应急管理和应急处置工作，实行"属地为主、分级响应、分级负责、统筹协调、动态管理"的应急管理体制。

（4）依法规范，加强管理。依据国家有关法律、法规和集团公司有关规章制度，不断加强和完善应急管理，使应对突发事件的工作法制化、制度化、规范化。

（5）快速反应，协同应对。在突发事件处置的各个环节上，做到信息及时准确、反应灵敏、决策果断、处置迅速，最大限度地减少危害和影响。各子（分）公司加强协调与配合，在突发事件的应急处置中要做到信息互通、资源共享、团结协作、共同应对。

（6）依靠科技，提高素质。各子（分）公司应加强安全新技术的推广与应用，积极采用先进的监测、预测、预警、预防和应急处置技术及设施，充分发挥专家队伍和专业人员的作用，提升各子（分）公司应对突发事件的科学决策和指挥能力，避免发生次生、衍生事件；加强宣传和教育培训工作，提高员工自救、互救和应对各类突发事件的综合素质。

5.2 危险性分析

5.2.1 集团公司概况

集团公司始建于 1956 年，办公地址位于武汉市经济技术开发区东风大道 38 号，注册资金 20 亿元人民币。具有公路工程施工总承包特级、市政公用工程施工总承包一级、桥梁、隧道工程专业承包一级资质，以及一家建筑施工总承包一级控股公司。职工 1158 人，现代大型施工机械设备 2000 余台（套），年施工能力达 100 亿元人民币，占有市场遍布全国 15 余个省（市、区）。

集团公司拥有高速公路、各种复杂结构桥梁、隧道、交通工程、市政工程、轨道工程、建筑工程的项目管理、工程总承包以及项目规划、投资、建设、运营管理的能力。同时公司秉承"立足湖北、服务全国、跻身世界、开拓发展"的方针，通过了 ISO 9001 质量管理体系、ISO 14001 环境管理体系和 GB/T 28001 职业健康安全管理体系认证。

5.2.2 危险源与风险分析

5.2.2.1 事故类型分析

集团公司施工分布点多、线长，涉及面广，既涉及公路工程，又涉及市政基础设施工程,施工条件差异大,可变因素较多;生产周期长短不一,露天作业多,受气候、地理、洪水、环境等因素影响较大;交叉和高空作业多,周边环境复杂。这些特点给施工生产带来很多不安全因素,容易发生突发事件。通过风险管理工作及各项目上报信息分析汇总,集团公司可能发生的主要突发事件类型如表 5-2 所示。

表 5-2　公司主要可能发生的突发事件类型一览表

序号	突发事件种类	主要突发事件类型
1	自然灾害	主要包括集团公司公路工程、市政工程、桥梁工程、养护项目等生产经营场所突然发生洪涝、其他气象、地震、地质灾害等,对集团公司的职工安全、设备财产、生产经营和工作秩序带来危害或威胁,造成或可能造成集团公司重大人员伤亡、财产损失、生态环境破坏,造成较大社会影响和严重影响企业生产经营的紧急事件
2	生产安全事故	施工作业中发生的生产安全类事故,主要包括触电、高处坠落、物体打击、机械伤害、坍塌、火灾、爆炸、窒息、车辆伤害等
3	交通安全事故	主要包括通勤、运输等过程中使用车辆发生的交通安全事故
4	环境污染和生态环境破坏事故	主要包括施工现场扬尘环境污染、施工废水环境污染、施工噪声环境污染、重油和沥青油等有害废物环境污染等
5	公共卫生事件	主要包括传染病疫情、群体性不明原因疾病、食品安全和职业危害,以及其他严重影响公众健康和生命安全的事件
6	社会安全事件	主要包括恐怖袭击事件、经济安全事件和涉外突发事件,以及挖断管路、管道及农民工群体事件等产生恶劣影响和后果的社会安全事件

5.2.2.2　突发事件发生可能性分析(表 5-3)

表 5-3　突发事件发生可能性一览表

序号	突发事件种类	主要突发事件类型	可能性(L)分析	L 值
1	自然灾害	洪涝灾害	每年都有发生或曾经发生过	2
2		其他气象灾害	每年都有发生	3
3		地震灾害	从未发生过	1
4		地质灾害	每年都有发生或曾经发生过	2
5	生产安全事故	触电、高处坠落、物体打击、机械伤害、坍塌、火灾、爆炸、窒息、车辆伤害等	每季度都有发生	4
6	交通安全事故	交通运输事故	每季度都有发生	4
7	环境污染和生态环境破坏事故	施工现场扬尘环境污染、施工废水环境污染、施工噪声环境污染、重油和沥青油等有害废物环境污染等	每年都有发生或曾经发生过	2

序号	突发事件种类	主要突发事件类型	可能性(L)分析	L值
8	公共卫生事件	传染病疫情	每年都有发生或曾经发生过	2
9		群体性不明原因疾病	从未发生过	1
10		食品安全	每年都有发生或曾经发生过	2
11		职业危害	从未发生过	1
12	社会安全事件	恐怖袭击事件	从未发生过	1
13		经济安全事件	从未发生过	1
14		涉外突发事件	从未发生过	1
15		挖断管路、管道	每年都有发生	3
16		农民工群体事件	每年都有发生或曾经发生过	2

5.2.2.3 突发事件危害后果和影响范围分析(表 5-4)

表 5-4 突发事件危害后果和影响范围一览表

序号	突发事件种类	主要突发事件类型	事故危害后果和影响范围(S)分析	S值
1	自然灾害	洪涝灾害	1~2人死亡 3~6人重伤	4
2		其他气象灾害	1~2人重伤 3~6人轻伤	3
3		地震灾害	3人及以上死亡 7人及以上重伤	5
4		地质灾害	1~2人重伤 3~6人轻伤	3
5	生产安全事故	触电、高处坠落、物体打击、机械伤害、坍塌、火灾、爆炸、窒息、车辆伤害等	一般情况下造成人员受伤,事故严重时可能造成: 1~2人死亡 3~6人重伤	4
6	交通安全事故	交通运输事故	一般情况下造成人员受伤,事故严重时可能造成: 1~2人死亡 3~6人重伤	4
7	环境污染和生态环境破坏事故	施工现场扬尘环境污染、施工废水环境污染、施工噪声环境污染、重油和沥青油等有害废物环境污染等	引起省级媒体报道,一定范围内造成公众影响	3

续表

序号	突发事件种类	主要突发事件类型	事故危害后果和影响范围(S)分析	S值
8	公共卫生事件	传染病疫情	引起省级媒体报道,一定范围内造成公众影响	3
9		群体性不明原因疾病	引起省级媒体报道,一定范围内造成公众影响	3
10		食品安全	引起省级媒体报道,一定范围内造成公众影响	3
11		职业危害	引起省级媒体报道,一定范围内造成公众影响	3
12	社会安全事件	恐怖袭击事件	引起国际主流媒体报道	5
13		经济安全事件	引起国家主流媒体报道	4
14		涉外突发事件	引起国家主流媒体报道	4
15		挖断管路、管道	引起省级媒体报道,一定范围内造成公众影响	3
16		农民工群体事件	引起省级媒体报道,一定范围内造成公众影响	3

5.2.2.4　事故风险评估结果(表5-5)

表5-5　事故风险评估结果一览表

序号	突发事件种类	主要突发事件类型	风险值(R)	等级
1	自然灾害	洪涝灾害	8	C
2		其他气象灾害	9	C
3		地震灾害	5	D
4		地质灾害	6	D
5	生产安全事故	触电、高处坠落、物体打击、机械伤害、坍塌、火灾、爆炸、窒息、车辆伤害等	16	B
6	交通安全事故	交通运输事故	16	B
7	环境污染和生态环境破坏事故	施工现场扬尘环境污染、施工废水环境污染、施工噪声环境污染、重油和沥青油等有害废物环境污染等	6	D
8	公共卫生事件	传染病疫情	6	D
9		群体性不明原因疾病	3	D
10		食品安全	6	D
11		职业危害	3	D

续表

序号	突发事件种类	主要突发事件类型	风险值(R)	等级
12		恐怖袭击事件	5	D
13		经济安全事件	4	D
14	社会安全事件	涉外突发事件	4	D
15		挖断管路、管道	9	C
16		农民工群体事件	6	D

确定了以上集团公司可能发生的突发事件类型及事故风险等级后,针对风险等级高或事故后果严重程度不可接受的类型,制定应急预案,优化事故应急处理,降低事故损失。

5.2.3　突发事件分级

按照国家有关规定,结合集团公司生产经营特点和安全风险情况,突发事件按照事件性质、严重程度、影响范围、人员伤亡、涉险人数、经济损失、可控性等因素,一般分为五级:集团Ⅰ级(特大)、集团Ⅱ级(重大)、集团Ⅲ级(较大)、集团Ⅳ级(一般)、集团Ⅴ级(轻微)。

(1)集团Ⅰ级。事态特别复杂,可能造成特别严重的危害和威胁,已经或可能造成30人以上死亡(含失踪)的,或涉险30人以上的,或重伤人数100人以上的,或造成1亿元以上直接经济损失的事故;国务院、国家有关部委、省政府已启动相应级别应急响应,需集团公司在省政府及联投集团统一指挥下,协调、调度集团公司多方面的力量和资源进行应急处置的突发事件。

(2)集团Ⅱ级。事态非常复杂,可能造成十分严重的危害和威胁,已经或可能造成10人以上30人以下死亡(含失踪)的,或涉险10人以上30人以下的,或重伤人数50人以上100人以下的,或造成5000万元以上1亿元以下直接经济损失的事故;国家有关部委、省政府已启动相应级别应急响应,需集团公司在省政府、地方政府及联投集团统一指挥下,协调、调度集团公司多方面的力量和资源进行应急处置的突发事件。

(3)集团Ⅲ级。事态复杂,可能造成较为严重的危害和威胁,已经或可能造成3人以上10人以下死亡(含失踪)的,或涉险3人以上10人以下的,或重伤人数10人以上50人以下的,或造成1000万元以上5000万元以下直接经济损失的事故;地方政府、相关行业主管部门责成集团公司开展应急处置,在联投集团组织、协调其他单位力量和资源进行应急处置的突发事件。

(4)集团Ⅳ级。事态较为复杂,可能造成一定危害或威胁,已经或可能造成2人以上3人以下死亡(含失踪)的,或涉险2人以上3人以下的,或重伤人数3人以上10人以下的,或造成300万元以上1000万元以下直接经济损失的事故;联投集团责成集团公司组织协调各方面力量和资源进行应急处置的突发事件。

(5)集团 V 级。事态一般,可能造成一定危害或威胁,已经或可能造成 1 人死亡(含失踪)的,或涉险 1 人的,或重伤人数 3 人以下的,或造成 100 万元以上 300 万元以下直接经济损失的事故;联投集团责成集团公司组织协调各方面力量和资源进行应急处置的突发事件。

本预案中所称"以上"含本数,"以下"不含本数;员工指集团公司及所属各子(分)公司员工以及相关方(劳务派遣、承包、承租、外包)外协用工;所称"事故"为"生产安全责任事故"。

国家有关法律法规有明确规定的,按国家相关规定执行。各子(分)公司各项预案可根据国家和集团公司有关规定,结合实际情况制定具体分级标准,作为突发事件信息报送和分级处置的依据。

5.3　组织机构及职责

集团公司突发事件应急组织机构由集团公司突发事件应急工作委员会(简称应急委)、应急办公室、专项处置应急办公室(集团公司应急指挥部)、各部门、专业应急队伍及社会支持保障力量、相关单位应急机构及救援队伍、现场应急指挥部、专家组组成,如图 5-2 所示。根据集团公司实际情况,处置道路交通事故时不设置现场应急指挥部;处置公司总部办公大楼灭火及疏散时直接成立应急指挥部(职责在专项预案中明确),不设置专项处置应急办公室和现场应急指挥部。

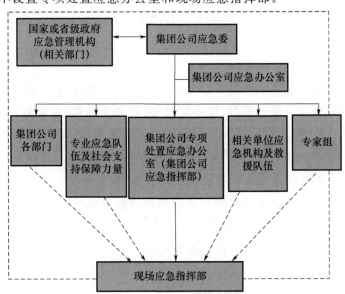

图 5-2　集团公司突发事件应急组织机构框图
(虚线箭头表示服务和支持保障功能)

5.3.1 应急指挥机构

5.3.1.1 突发事件应急工作委员会

为加强对突发事件的应急处置工作,集团公司成立突发事件应急工作委员会(以下简称应急委),统一组织领导集团公司突发事件的预防、应急准备和应急处置等工作。集团公司应急委主任由总经理担任,副主任由副总经理、工会主席、总工程师、财务总监、安全总监担任,成员由集团公司各部门、子(分)公司主要负责人组成。

集团公司应急委下设应急办公室,为集团公司突发事件应急委常设办事机构。

应急办公室设在集团公司安全管理部,办公室主任由该部门主要负责人担任。

5.3.1.2 专项处置应急办公室

在发生突发事件后,集团公司应急委根据实际情况成立专项处置应急办公室,专项处置应急办公室设在事件处置牵头负责部门。专项处置应急办公室是集团公司处置具体突发事件的临时指挥机构,领导小组组长由分管牵头处置部门的集团公司副总经理担任,成员由集团公司相关部门人员组成。

5.3.1.3 现场应急指挥部

在突发事件发生时,事发单位的应急组织机构即立即转变成突发事件现场应急指挥部,迅速实施应急救援工作。现场应急指挥部可根据突发事件的严重性、影响范围和可控性,成立综合协调组、救援抢险组、现场警戒组、后勤保障组、医疗善后组等突发事件应急工作组,保证发生突发事件时能迅速有效地进入应急状态,积极采取措施,防止事态扩大。

5.3.1.4 集团公司各部门

集团公司各部门包括安全管理部、设备物资部、工程建设部、综合部、人力资源部、总工程师办公室、党群工作部、法务信息部、财务管理部、企业策划部、纪检监察部、信息中心、技术中心、审计部等集团公司现有职能部门,发生突发事件时各自履行职责,接受集团公司的指挥和调度,为应急救援工作提供支持和保障。

5.3.1.5 专业应急队伍和社会支持保障力量

专业应急队伍和社会支持保障力量包括社会医疗机构、武警部门、公安消防部门、公安部门和社会应急救援中心等。

5.3.1.6 相关单位应急机构及救援队伍

相关单位应急机构及救援队伍包括集团公司二级单位和项目部根据应急工作需要成立的应急机构和兼职应急救援队伍。

5.3.1.7 专家组

集团公司可以根据实际需要聘请有关专家组成专家组,为应急管理提供决策建议,必要时参加集团公司突发事件的应急处置工作。

公司内部高级工程师及注册安全工程师为公司应急管理工作及应急处置提供专业意见。

5.3.2　职责分工

5.3.2.1　突发事件应急工作委员会职责

日常状态下的职责:

(1)贯彻国家、省政府、省国资委有关突发事件应急管理的法规、政策和规定;

(2)建立健全集团公司突发事件应急管理体系,并实现对该体系的统一领导;

(3)负责审定和批准集团公司应急管理制度和应急预案;

(4)负责审批集团公司应急培训、应急队伍建设计划;

(5)对各子(分)公司应急管理工作进行监督、指导和考核;

(6)研究决定集团公司应急工作的决策和部署;

(7)其他应急管理相关重大事项。

应急状态下的职责:

(1)向省政府、有关部门,地方政府及联投集团建议启动相应级别的突发事件预警和应急响应;

(2)在省政府、有关部门,地方政府及联投集团的指挥下,对集团Ⅰ、Ⅱ、Ⅲ级突发事件实施应急处置;

(3)决定启动和终止集团Ⅳ级突发事件预警和应急响应,负责统一部署、指挥、调度集团Ⅳ级突发事件应急处置工作,发布应急处置命令,并督促检查执行情况;

(4)指导子(分)公司集团Ⅴ级突发事件应急处置;

(5)根据应急处置需要,指定成立现场应急指挥部,并派其前往突发事故现场开展应急处置工作;

(6)根据需要,向有关政府部门汇报,会同上级相关部门,制定相应处置方案,并监督实施,必要时请求地方各级政府提供社会紧急救援力量;

(7)其他应急相关重大事项。

5.3.2.2　应急办公室职责

日常状态下的职责:

(1)贯彻落实国家及行业相关部门有关突发事件应急管理的方针、政策和法律、法规,负责与地方政府应急管理部门和各子(分)公司应急管理机构的联络、信息的上传与下达等日常工作;

(2)负责集团公司应急预案体系和应急体制、机制、制度建设,研究提出应急管理的规划和意见,包括拟订、修订集团公司突发事件综合应急预案,组织编制应急有关规章制度;

(3)指导、协调和监督各子(分)公司开展突发事件应急管理工作,指导各子(分)公司应急预案的编制与实施;

(4)指导、协调集团公司范围内突发事件应急培训和演练;

(5)组织有关应急技术研究和开发;

(6)编制年度应急工作经费预算和计划;

(7)承办集团应急委交办的其他工作。

应急状态下的职责:

(1)协助集团应急委处置集团Ⅳ级突发事件,组织协调集团Ⅰ、Ⅱ、Ⅲ、Ⅳ级突发事件的预防与应急准备、预测与预警、应急处置与救援、恢复与重建、评估与总结、信息发布与媒体应对等工作;

(2)负责接收、处理各子(分)公司上报的应急信息,在与集团公司相关职能部门会商后,确定突发事件的预警与应急响应等级,及时向集团应急委提出启动集团Ⅰ、Ⅱ、Ⅲ、Ⅳ级预警状态和应急响应行动建议;

(3)在集团应急委的指挥下,负责协调集团公司与地方政府相关部门、地方政府的应急联动;

(4)跟踪了解集团公司处置的突发事件状况,及时向集团应急委汇报,视情况向地方政府应急管理部门及联投集团汇报;

(5)负责收集、汇总集团公司所属相关单位、现场指挥机构、各专项应急工作组的应急处置信息,编写应急工作日报;

(6)及时向现场指挥机构、专项应急工作组、所属各部门、单位传递应急工作指令和发送应急工作文件;

(7)承办集团应急委交办的其他工作。

5.3.2.3 专项处置应急办公室职责

应急状态下的职责:

(1)在集团应急委指挥下负责处置相关集团Ⅳ级突发事件,组织协调集团Ⅰ、Ⅱ、Ⅲ、Ⅳ级突发事件的预防与应急准备、预测与预警、应急处置与救援、恢复与重建、评估与总结、信息发布与媒体应对等工作;指导子(分)公司处置相关集团Ⅴ级突发事件;

(2)负责接收、处理各子(分)公司上报的应急信息,确定突发事件的预警与应急响应等级,及时向集团应急委提出启动集团Ⅳ级预警状态和应急响应行动建议;

(3)根据集团应急委指挥,协调集团公司各部门和现场应急指挥部开展应急处置工作,及时向现场指挥机构、所属各部门、单位传递应急工作指令和发送应急工作文件;

(4)负责协调子(分)公司与地方政府相关部门、地方政府的应急联动;

(5)跟踪了解子(分)公司处置的突发事件状况,及时向集团应急委汇报,视情况

向地方政府应急管理部门汇报;

(6)承办集团应急委交办的其他工作。

5.3.2.4 集团公司各部门职责

(1)各部门按照"谁主管、谁负责"的原则,负责职责范围内应急处置工作;

(2)特大暴雨、洪水灾害突发事件及地质灾害事件、环境污染事故的应急处置由集团公司工程建设部牵头负责;

(3)施工生产安全事故和机动车辆道路交通事故的应急处置由集团公司安全管理部牵头负责;

(4)突发卫生事件、突发群体性事件的处置由集团公司党群工作部牵头负责;

(5)集团公司总部办公大楼灭火及疏散的应急处置由集团公司物业管理中心牵头负责。

5.3.2.5 现场应急指挥部职责

(1)向各级政府成立的现场应急指挥机构提出现场应急处置建议,并及时向集团应急委汇报现场情况;

(2)负责统一组织指挥集团公司所属现场应急救援力量,督促集团应急办开展相关协调工作;

(3)对应急状态下事故和灾情形势开展研究和分析,提出相应的对策与措施建议;

(4)督促集团公司所属应急救援力量按照方案组织救援,并保障救援作业安全;

(5)负责生产事故善后处置相关工作,尽快消除事故影响,恢复正常生产运营;

(6)承办集团应急委交办的其他工作。

5.3.3 各子(分)公司应急组织机构

各子(分)公司均应设立应急委,组长由本单位主要负责人担任,组员若干人,应急委下设应急办,并配备一定数量的专(兼)职应急管理人员。各子(分)公司应急委是应对突发事件的责任主体,承担突发事件的应对责任,对管辖范围内的各类突发事件负有直接指挥权、处置权。其主要职责如下:

(1)负责编制本单位的应急管理制度、应急预案和现场处置方案,确定应对各种突发事件的程序;

(2)切实履行本单位对单位各部门、项目部在应急管理工作上的领导和管理职责;

(3)发生突发事件时,按程序启动应急预案,并向当地政府、集团应急办报告;

(4)发生突发事件时,按照要求开展应急工作,指挥现场抢险救援,并协助地方政府开展相关的应急救援工作;

(5)根据突发事件的态势,向集团应急办提出增援请求;

（6）贯彻执行集团应急委的应急指令；

（7）组织应急响应结束后的评估、恢复、重建和总结改进工作；

（8）负责组织应急预案的培训、演练和修订工作。

5.4　预防与预警

5.4.1　预防

5.4.1.1　了解相关信息

（1）关注气象信息，及时了解恶劣天气、自然灾害等信息，迅速采取措施。

（2）关注公共卫生信息，及时了解传染病疫情等信息，迅速采取措施。

（3）与环保和公安部门保持紧密联系，及时了解环境污染、社会治安等信息，迅速采取措施。

5.4.1.2　加强教育培训

集团公司加强突发事件应急法律法规和预防、避险、自救、互救常识的教育培训，普及应急知识工作，增强从业人员预防和应对突发事件的意识和能力，努力提高从业人员安全防范意识和自救能力，督促引导从业人员积极采取有效的应急防范措施。

5.4.1.3　加强巡查

根据风险管理体系，建立完善的巡查体系，开展安全检查和隐患治理，检查危险源监控措施落实情况，及时发现隐患，迅速采取措施。

5.4.2　预警行动

5.4.2.1　预警分级及条件

根据可预警的自然灾害、公共卫生和社会安全类信息，以及已发生的或潜在的突发事件特点、性质、危害程度、发展态势、紧急程度和影响范围等，集团公司发布的突发事件预警从高到低划分为Ⅰ级（特别严重）、Ⅱ级（严重）、Ⅲ级（较重）和Ⅳ级（一般）四个级别，依次用红色、橙色、黄色和蓝色予以表示。Ⅴ级预警由各子（分）公司及项目部根据实际情况发布。各类突发事件预警级别的界定，与省级各专项预案衔接。

（1）集团Ⅰ级预警，对应下述情况：公共信息部门通过公文发布的自然灾害、公共卫生、社会安全类信息预警级别达Ⅰ级红色预警的；省政府发布Ⅰ级红色预警，且涉及集团公司业务范围或业务领域，需要集团公司启动预警的；或集团所属子（分）公司发生突发事件达到或预计将发展至特别重大（Ⅰ级）标准的；或集团公司认为突发事件影响特别严重,需要提供相应级别应急保障的。

(2)集团Ⅱ级预警,对应下述情况:公共信息部门通过公文发布的自然灾害、公共卫生、社会安全类信息预警级别达Ⅱ级橙色预警的;或省政府发布Ⅱ级橙色预警,且涉及集团公司业务范围或业务领域,需要集团公司启动预警的;或集团所属子(分)公司发生突发事件达到或预计将发展至重大(Ⅱ级)标准的;或集团公司认为突发事件影响严重,需提供相应级别应急保障的。

(3)集团Ⅲ级预警,对应下述情况:公共信息部门通过公文发布的自然灾害、公共卫生、社会安全类信息预警级别达Ⅲ级黄色预警的;或集团所属子(分)公司发生突发事件达到或预计将发展至较大(Ⅲ级)标准的;或集团公司认为突发事件影响较重,需提供相应级别应急保障的。

(4)集团Ⅳ级预警,对应下述情况:公共信息部门通过公文发布的自然灾害、公共卫生、社会安全类信息预警级别达Ⅳ级蓝色预警的;或集团所属子(分)公司发生突发事件达到或预计将发展至一般(Ⅳ级)标准的;或事发子(分)公司认为突发事件有影响,需提供相应级别应急保障的。

5.4.2.2 预警发布程序及方法

应急办收取公共信息部门通过公文发布的自然灾害、公共卫生、社会安全类信息预警,或接收到子(分)公司事故信息后,及时、准确研判,并提出预警等级建议,上报应急委,由应急委决定预警信息的发布。

预警信息发布一般通过公文的形式发布,紧急情况下可责令应急办通过电话、网络通信等形式,在集团应急管理组成机构内迅速发布。

5.4.3 信息报告与通知

公司应急办设立 24 小时值班电话,接收报送事故信息。应急办及时、准确将事故信息上报应急委,由应急委决定事故信息发布范围。

5.4.3.1 信息上报

预警信息按照逐级上报原则报送,紧急情况下,重大突发事件预警信息可越级上报。

各子(分)公司在确认可能引发或已发生某类突发事件的预警信息后,应在 1 小时内向集团应急办和地方政府应急机构报告,同时开展报警受理和先期处置工作。

集团应急办在接到集团Ⅳ级及以上预警信息或突发事件报告后,应在 2 小时内向联投集团上报,并酌情向相关政府部门上报。

涉及集团Ⅳ级预警信息的,集团应急办应密切关注事态的发展趋势,根据事故的发展状况和严重程度,及时将信息报告集团应急委,并采取有效救援处置措施。

集团应急委负责集团Ⅳ级预警的启动和发布,各子(分)公司负责集团Ⅴ级预警的启动和发布,并向集团应急办报备。

5.4.3.2　信息上报内容

信息报送方式可采用电话口头初报,随后可通过网络、传真等载体及时报送书面报告和现场音(影)像资料。报告主要内容包括:

(1)事故发生单位名称;

(2)事故发生的时间、地点以及事故现场情况;

(3)事故的简要经过及性质;

(4)事故已经造成或者可能造成的人员伤亡情况;

(5)事故已经造成或者可能造成的财产损失情况;

(6)事件发生原因初步报告;

(7)已采取的措施及救援请求;

(8)造成的影响、可能发展的态势;

(9)报告人、应急负责人的情况(姓名、职务、电话等);

(10)根据事态发展,及时上报的后续情况。

5.4.3.3　信息传递

即时报告可以采取电话、传真、电子邮件、对讲机等形式上报集团公司和地方政府有关部门。出现新情况的及时补报。

信息披露和舆情引导工作应做到及时主动、正确引导、严格把关;集团公司所有与突发事件处置有关的部门和人员,负有做好防止信息通过非正常渠道外泄的责任与义务。

5.5　应急响应

5.5.1　响应分级

集团公司突发事件应急响应按照分级响应的原则进行(表5-6)。集团Ⅰ、Ⅱ、Ⅲ级应急响应是集团公司在省政府、地方政府、联投集团统一指挥下,协调、调动内部应急力量、资源,参与救援处置;集团Ⅳ级应急响应由集团公司负责启动和实施;各子(分)公司负责集团Ⅴ级应急响应的启动和实施。

集团应急工作领导小组除负责集团Ⅳ级突发事件应急响应外,可依据突发事件的严重性、紧急程度、可控性、敏感程度、影响范围等因素,视情况启动以下突发事件应急响应:

(1)根据集团应急办的日常监测或对已启动的集团Ⅴ级应急响应事件的重点跟踪,已经发展为集团Ⅳ级应急响应事故或已引起省政府和社会公众特别关注的,集团公司认为需要予以协调救援处置的突发事件;

(2)根据各子(分)公司应急管理机构请求,需要集团公司协调处置的突发事件;

（3）按照地方政府应急管理部门部署需由集团公司负责协助救援处置的突发事件；

（4）集团公司总部发生的各级突发事件应急救援工作。

表 5-6　集团公司突发事件响应分级和响应启动与实施表

响应分级	启动标准	响应层面
集团 I 级	符合集团 I 级响应启动条件的突发事件	省政府及有关部门
集团 II 级	符合集团 II 级响应启动条件的突发事件	地方及有关部门
集团 III 级	符合集团 III 级响应启动条件的突发事件	联投集团
集团 IV 级	符合集团 IV 级响应启动条件的突发事件	集团公司
集团 V 级	符合集团 V 级响应启动条件的突发事件	各子（分）公司

5.5.2　响应程序

当接到省政府、地方政府启动相应级别应急响应信息后，集团公司 I、II、III 级应急响应自动启动；当接到满足集团 I、II、III 级启动标准的信息后，集团应急办应立即向集团公司主要负责人报告，同时向联投集团及省政府、国资委、地方政府等相关主管部门报告，及时指导事发单位采取有效措施，避免事态扩大，开展先期应急处置工作。集团公司主要领导赶赴现场，在省政府的领导下，参与现场指挥，集团应急委及应急主持、支持部门和相关子（分）公司主要负责人均应赶赴现场参与应急处置。

当发生集团 IV 级突发事件时，集团公司按下列响应程序执行：

（1）集团应急办接到满足本预案集团 IV 级启动标准的突发事件信息后，应立即上报集团应急委，并建议启动相应级别应急响应，非工作时间可先电话上报，待有条件后再补办相关的程序文件。

（2）集团应急委接到集团应急办报告后，应组织相关应急管理部门和专家进行会商，在 1 小时内决定是否启动相应级别的应急响应。如同意启动，则由集团应急委组长正式签发响应启动文件，报送地方政府、联投集团。集团应急委视情况授权法务信息部向社会公布应急响应文件。

（3）集团 IV 级的响应启动文件签发后，集团应急办负责在 1 小时内向涉及的集团公司各部门、子（分）公司转发集团 IV 级的响应启动文件，工作期间应抄送相关主管、行业管理部门并电话确认接受。

（4）涉及的集团公司各部门、子（分）公司应将集团 IV 级的响应启动文件传递到本单位相关的基层单位，并电话确认接受。

（5）集团应急委根据需要指定成立现场应急指挥部，赶赴现场指挥或协助指挥突发事件应急处置工作。

（6）集团应急办和各专项应急工作组立即启动 24 小时值班制，根据本预案 3.1 条规定的职责开展应急工作。各子（分）公司应急管理机构可参照集团 IV 级的响应程序。

当发生集团Ⅴ级突发事件时,由各子(分)公司、项目部根据本单位应急预案实施响应,并定时将事态发展情况报集团公司应急办公室。

5.5.3 应急结束

当同时满足下列条件时,应急结束:
(1)政府部门或上级指挥机构宣布事故应急响应结束;
(2)人员得到有效救治;
(3)突发事件得到有效控制,导致次生、衍生事故危害的隐患已经消除;
(4)政府和上级单位事故调查所需的现场取证和原始资料收集工作完成。

5.6 信息发布

5.6.1 信息发布原则

严格遵守国家法律法规,实事求是、客观公正、及时准确地报道突发事故发生、处置的过程。要通过有计划的信息发布工作,为新闻媒体提供关于事件的准确、一致、及时的信息,引导舆论和公众行为,消除和纠正恐慌、谣传等不良事态。

5.6.2 信息发布与告知

集团应急办应明确信息采集、编辑、分析、审核、签发的责任人,做好信息分析、报告和发布工作。企业策划部应及时编发事故处置动态信息供领导参阅。企业策划部在集团应急领导小组同意下负责向社会和新闻媒体发布突发事件有关抢险救援工作情况报道。现场新闻发言人由集团应急领导小组指派或授权现场指挥机构指定,未经授权,任何人不得擅自对外发布信息和接受媒体采访。

突发事件相关单位应通过内部网站、宣传材料等渠道或会议等方式,向内部员工告知突发事件情况,及时进行正面引导,齐心协力,共同应对突发事件。员工不得对外披露或内部传播与集团公司告知不符的内容。

当发生突发事件时,事发单位应当尽可能及时地向受到影响的相关方告知有关情况,以及相应的应急措施和方法。启动应急响应后,突发事件相关单位应当配合政府有关部门做好相关方的告知工作。

5.7 后期处置

5.7.1 稳定秩序

突发事件应急处置工作结束后,集团公司专项处置应急办公室协同现场事发单位尽快清理现场,做好思想稳定工作,维护正常的生产生活秩序,保证日常工作有序进行。

5.7.2　善后处置

集团公司专项处置应急办公室协同事发单位从快处理好突发事件后期遗留问题。应当及时按照有关规定,积极做好突发事件造成人员伤亡的善后赔付和保险理赔工作。

5.7.3　调查评估

对突发事件的调查,由突发事件处置牵头部门负责组织调查和评估,及时了解突发事件的基本情况、起因、性质、损失、影响,查清事实,查明原因和责任,总结经验,吸取教训,提出防范和改进措施和建议。必要时,配合上级单位和政府部门对突发事件进行调查评估。现场事发单位应当配合集团公司或上级单位、政府部门对突发事件进行调查取证。

应急处理工作结束后,集团公司及时对突发事件的应急处置工作进行总结,提出加强和改进同类突发事件应急工作的建议和意见。

5.8　保障措施

5.8.1　通讯与信息保障

集团公司、子(分)公司和项目部各类应急人员手机要保证 24 小时处于开机状态,定期维护联系方式,遇有变更及时更新,保证紧急情况下的通讯联络畅通;建立突发事件信息报告制度,确保信息渠道畅通、运转有序。

5.8.2　应急队伍保障

按照“平战结合、反应快速”的原则,施工现场以工区或分部为单位,以所属场、站和关键部位为重点,以施工现场从业人员为主组建兼职应急救援抢险力量。

5.8.3　经费保障

集团公司制定安全专项资金保障制度,用于突发事件处置工作,保障应急状态时应急经费的及时到位。特别紧急情况下,可先予以拨款支付,再按程序办理相关手续。

5.8.4　医疗保障

现场常备医疗急救药品和急救用品,有条件的现场设置医务室,配备医务人员。

5.8.5 物资保障

建立集团公司内部物资储备和物资调剂供应渠道,施工现场设置物资仓库,配备应急处置所需的各类工程抢险装备、器材和应急物资,并加强日常管理。重要物资储备清单见表 5-7。

表 5-7 公司重要物资储备清单

一楼配电房七氟丙烷气体灭火系统清单

序号	名称	规格	单位	数量	备注
1	气体灭火系统控制装置(壁挂)	泰和安	台	1	
2	联动电源	泰和安	台	1	
3	点型光电感烟火灾探测器	泰和安	只	2	
4	点型感温火灾探测器	泰和安	只	1	
5	编码声光警报器	泰和安	只	1	
6	紧急启停按钮	泰和安	只	1	
7	放气指示灯	泰和安	只	1	
8	气体终端模块	泰和安	只	1	
9	90 L 柜式灭火装置	GQQ 90/2.5TX	台	2	含柜体机所有配件
10	七氟丙烷药剂	洁净型	kg	180	
11	自动泄压阀	—	个	1	

五楼计算机房七氟丙烷气体灭火系统清单

序号	名称	规格	单位	数量	备注
1	气体灭火系统控制装置(壁挂)	泰和安	台	1	
2	联动电源	泰和安	台	1	
3	点型光电感烟火灾探测器	泰和安	只	2	
4	点型感温火灾探测器	泰和安	只	2	
5	编码声光警报器	泰和安	只	1	
6	紧急启停按钮	泰和安	只	1	
7	放气指示灯	泰和安	只	1	
8	气体终端模块	泰和安	只	1	
9	120 L 柜式灭火装置	GQQ 120/2.5TX	台	1	含柜体机所有配件
10	七氟丙烷药剂	洁净型	kg	110	
11	封堵喷淋头	—	—	—	
12	自动泄压阀		个	1	

一楼档案室七氟丙烷气体灭火系统清单

序号	名称	规格	单位	数量	备注
1	气体灭火系统控制装置(壁挂)	泰和安	台	1	
2	联动电源	泰和安	台	1	
3	点型光电感烟火灾探测器	泰和安	只	6	
4	点型感温火灾探测器	泰和安	只	6	
5	编码声光警报器	泰和安	只	6	
6	紧急启停按钮	泰和安	只	6	
7	放气指示灯	泰和安	只	6	
8	气体终端模块	泰和安	只	3	
9	90 L 柜式灭火装置	GQQ 90/2.5TX	台	8	
10	七氟丙烷药剂	洁净型	kg	720	
11	封堵喷淋头	—	—	—	
12	自动泄压阀	—	个	3	

微型消防站物资清单

序号	名称		单位	数量	备注
1	消防室人员信息公示牌		个	1	
2	消防控制室值班制度牌		个	1	
3	消防控制室火灾状况处置程序牌		个	1	
4	建筑消防设施管理制度牌		个	1	
5	微型消防站标志牌		个	1	
6	微型站长职责牌		个	1	
7	消防员职责牌		个	1	
8	水基型灭火器		个	11	
9	水枪		个	3	
10	水带		条	2	
11	消防战斗服	战斗服	套	6	
12		战斗手套	个	6	
13		战斗帽	顶	6	
14		战斗靴	双	6	
15		逃生绳	根	6	
16		消防条	个	6	
17	消防多功能挠钩		套	1	

微型消防站物资清单

序号	名称	单位	数量	备注
18	防毒面具	具	6	
19	强光手电筒	个	6	
20	警戒带	条	5	
21	手持式扩音器	个	2	
22	消防板斧	个	2	
23	撬杆	根	2	1.5 m
24	单杠梯	个	1	6 m
25	消防用品陈列柜	个	1	2 m×1.5 m×0.5 m

5.8.6　救助保障

集团公司为施工人员办理意外伤害保险等;充分发挥集团公司党政工团的作用,广泛动员,积极开展互助互济和经常性应急救援捐赠活动。必要时通过多种途径、多种形式,发动社会捐赠,利用社会资源进行救助,加大社会救助的力度。

5.9　培训与演练

5.9.1　培训

集团公司有组织、有计划地组织应急管理和处置人员开展应急培训,培训内容应包括事故预防、控制、抢险知识和技能,安全生产法律、法规和个人防护常识等。

5.9.2　演练

集团公司定期组织施工现场应急演练,增强实战处置能力。综合应急预案和专项应急预案每年至少组织一次现场演练,拟邀建设、监理等单位参加;现场处置预案由项目部根据实际情况每半年至少演练一次。演练结束后进行现场评估,评价应急能力,形成应急演练总结报告,进一步完善应急预案。

5.10　奖惩

对在突发事件处置过程中做出突出贡献的部门和人员,集团公司给予表彰和奖励;对在突发事件处置过程中工作不力,造成恶劣影响或严重后果的部门和人员,集团公司追究其责任。

5.11　附则

5.11.1　术语与定义

本预案所称突发事件,是指突然发生,造成或可能造成人员伤亡、财产损失,影响和威胁集团公司发展和稳定的紧急事件。

本预案所称事发单位,是指集团公司各子(分)公司和项目部。

5.11.2　制定和解释

本预案根据有关法律、法规规定和集团公司实际,由集团公司组织制定,集团公司安全管理部负责解释。

5.11.3　维护、更新与报备

5.11.3.1　维护与更新

本预案有下列情况之一的应及时修订,修订后按照报备程序重新备案:

(1)施工生产实际发生重大变化,形成新的重大危险源;

(2)依据的法律法规和标准发生变化;

(3)应急预案评估报告提出整改要求;

(4)上级有关部门提出要求;

(5)实际应急处置过程或应急演练中发现预案的缺陷;

(6)组织机构、人员发生变化;

(7)其他需要修改的情况。

5.11.3.2　报备

本预案报联投集团、政府主管部门备案。

5.11.4　实施

本预案自发布之日起实施。

附件(略):

　　1.应急预案体系设置目录及编号

　　2.突发事件响应程序流程图

　　3.应急指挥机构(应急委)和人员

　　4.监管机构联系方式

　　5.社会相关应急救援部门联系方式

　　6.公司内部注册安全工程师一览表

　　7.应急物资及装备填报样表

第6章　施工现场风险控制措施及建议

本章对八个主要施工现场的风险分别提出控制措施和建议,以供实际作业参考。

6.1　机电设备

(1)应建立机电设备操作手册和操作规程。

(2)机电设备运行状态应完好,并有可靠有效的安全防护装置。

(3)机电设备定人操作,操作人员经培训、考试合格后方可上岗。

(4)机电设备定期保养并记录。

(5)操作人员严格按照操作手册和操作规程进行操作。

(6)特种机械设备及大型非标定型设备(如电梯、塔吊、架桥机、龙门吊、液压爬模、挂篮等)进场后使用前必须经过有资质的单位鉴定,并取得鉴定合格证书及安全合格证后方可使用。

6.2　气割、电焊作业

(1)所有气割、焊接工具及防护用品应完整无缺,完全有效;气割工、电焊工必须持证上岗。

(2)要正确使用焊接设备、焊具及防护用品,高空作业应佩戴安全带,并佩戴安全帽。

(3)现场周围有易燃、易爆物品时应及时清理或采取防护措施。

(4)进行气割作业时,严禁用液化气代替乙炔气,严禁氧气瓶、乙炔瓶混放,以确保气割作业安全。

(5)必须在禁火区进行明火作业时,应严格执行"动用明火"审批制度,办妥"动火证"手续。

6.3　起重作业

(1)起重指挥、起重机司机必须持证上岗。指挥人员作业时应执行规定的指挥信号;起重机司机应熟悉起重机技术性能。

(2)起重机各限位保险应齐全,各机构的工作应正常,制动器应灵敏可靠。

(3)起重作业所需的用具、设备应可靠完好,钢丝绳无断丝、露芯、扭结、变形等异常情形。

(4)起重指挥、起重机司机、起重工等操作人员应严格执行起重作业安全操作规程,正确佩戴防护用品。

(5)在垂直运输、不同层面吊装时应设二级指挥人员,指挥作业应站在能够照顾全部作业面的地点。

(6)在吊装区域内严禁站人。

(7)根据起重物件、设备的重量、体积、形状,采用适当的搬运方法,按规范要求,正确使用好各种起重用具。

(8)起重机回转范围 50 cm 内无障碍物。

(9)吊起满载荷重物时,应先吊起离地面 20～50 cm,检查起重机的稳定性、制动器的可靠性和绑扎的牢固性等,确认可靠后,才能继续起吊。

(10)起重臂最大仰角不得超过制造厂规定。

(11)吊起重物时,应严格注意起吊重物的升降,不使起重吊钩到达顶点。

(12)起重机必须置于坚硬平整的地面上,起吊时的一切动作要以缓慢速度进行,严禁同时进行两个动作。

(13)工作完毕后起重臂停在约 45°处,离开作业面,停在坚硬可靠的地基上,发动机熄火关闭电门,操纵杆推进空挡位置,制动器处于制动状态。

(14)如遇重大构件必须使用两台起重机同时起吊时,构件的重量不得超过两台起重机所允许起重量总和的 3/4,每台起重机分担的负荷不得超过该机允许负荷的 80%。在起吊时必须对两台起重机进行统一指挥。在整个吊装过程中,两台起重机的吊钩滑轮组都应保持垂直状态。

6.4　加工、绑扎作业

(1)断料、配料、弯料等工作应在地面进行,不准在高空操作。

(2)搬运钢筋时注意避免与附近的架空线和临时电线发生碰撞。

(3)现场高处绑扎作业时,必须搭设符合规定的施工脚手架并配备其他安全设施。

(4)冷拉钢筋时,当钢筋拉直时人员必须离开,禁止横跨或触碰钢筋。

(5)切断机在剪切钢筋时,刀口要与钢筋垂直。切断机不准剪切短于 30 cm 的钢筋。

(6)人工断料时,敲锤与持钢筋者应成斜角。

(7)现场绑扎悬空大梁钢筋时,不得站在模板上操作。

(8)绑扎独立柱头钢筋时,不准站在钢箍筋上绑扎,也不准将木料、管子、钢模板穿在钢箍筋内作为立人板支撑。

（9）起吊钢筋骨架，下方禁止站人，必须待骨架降到距模板 1 m 以下才准靠近，就位支撑好后方可摘钩。

（10）起吊钢筋时，钢筋规格、尺寸必须统一，不准一点吊装，吊点必须扎紧。

（11）切割机电源线须接漏电开关，切割机后方不准堆放易燃物品。

（12）钢筋头子应及时清理，成品堆放要整齐，工作台要稳固，钢筋工作棚照明灯必须加网罩保护。

（13）高空作业时，不得将钢筋集中堆在模板和脚手架上，也不准把工具、钢箍、短钢筋随意放在脚手架上。

（14）在雷雨时必须停止露天操作，预防雷击。

（15）施工人员不准穿拖鞋上岗，不得在钢筋骨架上行走，禁止从柱子上的钢箍筋上下。

6.5 张拉作业

（1）张拉人员必须严格遵守各项安全技术操作规程。

（2）张拉机具、千斤顶等机具使用前必须经有资质的单位鉴定和标定，压力表、持压阀、油管等部件的接头必须牢固。

（3）张拉开始时，必须保持楔槽的清洁卫生，不得有油腻、杂物。

（4）张拉时非工作人员不得进入工作区。压力表指针在一定压力时，禁止拧动油泵和千斤顶每个受力螺丝或撬打千斤顶。

（5）千斤顶与油泵在稳压时，工作人员必须在安全的位置。

（6）退楔时所有人员必须远离千斤顶，禁止对着楔块退出和在钢丝绳的斜度位置站立。

（7）拆除千斤顶时，必须先取出千斤顶两侧的楔块。

（8）悬空张拉，必须先搭设工作平台，工作平台上应有栏杆、保险绳等安全设施。

（9）应搭设满足操作人员和张拉设备荷载牢固可靠的脚手架，并搭设防雨棚。

（10）预应力张拉区域应设明显的安全标志，非操作人员禁止进入。

（11）张拉钢索的两端必须设置挡板，挡板应距离所张拉钢索端部 1.5～2 m，且应高出最上一组张拉钢索 0.5 m，其宽度应距张拉钢索两外侧各不小于 1 m。

6.6 大模板堆放、安装、拆除作业

（1）平模存放时应满足地区条件要求的自稳角，两块大模板应采取板面对板面的存放方法，长期存放模板，应将模板连成整体。大模板存放在高处，必须有可靠的防倾倒措施，不得沿外墙围边放置，并垂直于外墙存放。

（2）没有支撑或自稳不足的大模板，要存放在专用的堆放架上，或者平堆放，不

得靠在其他模板或物件上。

(3)模板起吊前,应检查吊装用绳索、卡具及每块模板上的吊环是否完整可靠,并应先拆除一切临时支撑,经检查无误后方可起吊。模板起吊前,应将吊车的位置调整适当,做到稳起稳落,就位准确。

(4)筒模可用拖车整体运输,也可拆成平模用拖车水平叠放运输。平模叠放时,垫木必须上下对齐,绑扎牢固,用拖车运输,车上严禁坐人。

(5)在大模板拆装区域周围,应设置围栏,并挂明显的标志牌,禁止非作业人员入内。组装平模时,应及时用卡具或花篮螺丝将相邻模板连接好。

(6)现浇结构安装模板时,必须将悬挑担固定,位置调整准确后,方可摘钩,外模安装后,要立即穿好销杆,紧固螺栓。安装外模板的操作人员必须系挂好安全带。

(7)在模板组装或拆除时,指挥、拆除和挂钩人员,必须站在安全可靠的地方操作,严禁人员随模板起吊。

(8)大模板必须有操作平台、上下梯道,走道和防护栏杆等附属设施。

(9)拆模起吊前,应拆除穿墙销杆。拆除外墙模板时,应先挂好吊钩,紧绳索,再拆除销杆。吊钩应垂直模板,不得斜吊。摘钩时手不离钩,待吊钩吊起超过头部方可松手。吊钩超过障碍物以上的允许高度,才能行车或转臂。模板就位和拆除时,必须设置缆风绳。

(10)在大风情况下,不得进行高空运输。

(11)模板安装就位后,要采取防止触电的保护措施,要设专人将大模板串联起来,并同避雷网接通。

6.7　临时用电

(1)按照《施工现场临时用电安全技术规范》(JGJ 46—2005)的规定编制临时用电施工组织设计。

(2)施工用电应符合下列要求:按"三相五线制"要求,落实"一机、一闸、一漏、一锁、一保护"和动力线照明用电严禁搭接的规定,并设置醒目的警示标志。

(3)电闸箱外壳要有接地和接零线保护设置,并应具备防水、防尘功能。闸箱内严禁放杂物,严禁电源线从箱顶接入。

(4)室外电缆以埋地敷设为宜。

(5)施工现场的照明配电宜分别设置,各自自成独立配电系统,以不致因动力停电或电气故障而影响照明。

(6)一级配电箱应二次接地,配电箱、开关箱的周围应保障箱内开关电器正常、可靠的工作。

(7)备用发电机应配备电气火灾专用灭火器,并设置警示牌。

(8)架空线必须采用绝缘导线,架空线的挡距与弧垂应满足相关安全要求。

(9)在架空电力线路保护区内进行开挖等作业时,必须经属地县级以上地方管理部门批准,按照电力部门相关要求使机具与高压线保持一定的安全距离。

6.8 车辆运行

(1)工区内建(构)筑物、设备严禁进入道路的建筑限界,并不得妨碍视线。

(2)应建立运输、装卸设备的技术档案,有计划地对运输、装卸设备进行检修和保养。

(3)从事运输工作的新职工应先进行安全教育,在指定的人员带领下工作,按不同岗位确定不同的培训时间,经考试合格后,方准上岗;机车、机动车和装卸机械的驾驶人员,必须经有关部门组织的专业技术、安全操作考试合格,获得驾驶证,方准驾驶。

(4)从事运输作业的人员,应定期进行体格检查,经检验合格者,方能继续担任原职工作。

(5)运输、装卸作业人员作业时应按规定穿戴劳动保护用品。

(6)对工区内车辆进行限速规定,并在工区主要道路设置明显的限速标志。

(7)施工场地运输道路应尽量平整、畅通,排水设施良好,特殊、危险地段设置醒目的标志,夜间照明设施完备。

(8)冬季要采取车辆防滑、防冻措施,确保车辆运行安全。

参考文献

柴敬,赵文华,李毅,2012. 光纤光栅检测的锚杆拉拔实验研究[J]. 中国矿业大学学报,41(5): 719-724.

傅维禄,2005. 天然气管道风险影响因素及对策[J]. 风险评价,5(12):18-19.

郭明金,2007. 恶劣飞行环境中光纤光栅传感方法和技术研究[D]. 武汉:武汉理工大学.

郭永兴,2014. 基于光纤光栅的高陡边坡及危岩落石监测技术与应用研究[D]. 武汉:武汉理工大学.

何华刚,2009. 天然气长输管道灾害模拟与应急决策研究[D]. 武汉:中国地质大学(武汉).

何伟,徐先东,姜德生,2004. 聚合物封装的高灵敏光纤光栅温度传感器及其低温特性[J]. 光学学报,24(10):1316-1319.

李川,张以谟,等,2005. 光纤光栅:原理、技术与传感应用[M]. 北京:科学出版社,13-14.

李国维,戴剑,倪春,等,2013. 大直径内置光纤光栅玻璃纤维增强聚合物锚杆梁杆黏结试验[J]. 岩石力学与工程学报,32(7):1449-1457.

李杰燕,2013. 高低温环境下光纤传感的传感特性及相关技术研究[D]. 武汉:武汉理工大学.

孟汇,2013. 光纤光栅传感器酸碱耐久性研究[D]. 武汉:武汉理工大学.

潘家华,2006. 我国天然气管道工业的发展前景[J]. 油气储运,25(8):601-602.

钱纪芸,张嘎,张建民,2009. 降雨时黏性土边坡的离心模型试验[J]. 清华大学学报(自然科学版),49(6):829-833.

钱纪芸,张嘎,张建民,2011. 降雨条件下土坡变形机制的离心模型试验研究[J]. 岩土力学,32(2):398-402.

水彪,2012. 金属化封装光纤光栅传感技术研究[D]. 武汉:武汉理工大学.

滕睿,2008. 石英光纤光栅表面金属化工艺研究[D]. 大连:大连理工大学.

吴永红,邵长江,屈文俊,等,2010. 传感光纤光栅标准化埋入式封装的理论与实验研究[J]. 中国激光,37(5):1290-1293.

徐光明,王国利,顾行文,等,2006. 雨水入渗与膨胀性土边坡稳定性试验研究[J]. 岩土工程学报,28(2):270-273.

杨祖佩,高爱茹,2002. 我国天然气管道的现状与发展[J]. 城市燃气,334(12):19-22.

张春友,2008. 中土天然气管道项目渐入佳境[N]. 光明日报,2008-02-25.

周红,乔学光,李娟妮,等,2009. 用于光纤光栅封装的环氧胶黏剂纳米改性研究[J]. 光电子·激光,20(5):590-594.

ANDERSON D Z et al. Production of in-fiber gratings using a diffractive optical element[J]. Electronics Letters,1993,29:566-568.

BENNION I et al,1996. UV-written in fiber Bragg graings[J]. Optical and Quantum Electronics,28(2):93-135.

HILL K O et al,1993. Bragg gratings fabricated in monomode photosensitive optical fiber by UV exposure thorough a phase mask[J]. Applied Physics Letters,62：1035-1037.

LAM D K W,GARSIDE B K,1981. Characterization of single-mode optical fiber filters[J]. Applied Optics,20(3)：440-445.

MOREY W W,MELTZ G,GLENN W H,1989. Fiber optic Bragg grating sensors[C]. Proceeding of SPIE V1169.

ZHANG Q,ZHANG D S,LI J Y, et al,2012. Strain measurement inside a strong pulsed magnet based on embedded fiber Bragg gratings[C]. Proc. SPIE 8421,84213P,OFS-2012,22nd International Conference on Optical Fiber Sensors.